【文庫クセジュ】

100語でわかる ワイン

ジェラール・マルジョン 著
守谷てるみ 訳

白水社

目次

はじめに

ワインは、天の恵みに対する大地からの返礼である。
マーガレット・フラー

ワイン好きは、ワインについて語りはじめたら尽きることはない。しかし、ワインについての最低限の興味や知識を持ち合わせていなければ、ワインを飲むことが単なる機械的な行為になってしまう。ワイン愛好家であれば、ワインは人生を心豊かで楽しいものにしてくれるだけではなく、それが職人の技の賜物であり、先祖からの知識を継承するなかで造られるものであることまで理解していなければならないからである。著者がソムリエの経験を通して得た、ワインという芸術に関する知識を伝えること、それが本書の目的である。

本書では、他のガイドブックのように、具体的にどの銘柄のワインを購入すればよいというアドバイスをしようとは思わない。読者の方々には、本書を足掛かりとして、よりワイン通になり、自分自身の嗜好というものを知り、さらにその嗜好を発展、成長させていただきたい。

本書は、ワインが製品として仕上がるまでの仕組みを一〇〇語で理解できるような内容になっている。

そのうえで、テースティング、つまり、ブドウ畑の土質、ブドウの品種、気候、醸造法、木の香り、カラフ、グラスがワインの味に及ぼす影響について知り、それぞれの影響を識別できるように読者を導くことを狙いとしている。本書の執筆に際しては、できるだけわかりやすい内容を心がけた。本書を何度も紐解いて活用していただくことが著者の願いである。また、ワインに関する仰々しくて誤った既成概念を切り崩し、ともすると誤って使用されている語彙の意味を明確にすることも本書の目的のひとつである。

本書で取り上げた一〇〇語は、読者の方々が少しずつ独自のスタイルを獲得できるようにと選んだものである。これらのことばの意味を理解すれば、ワインの世界という、明確な道標もなく、決して心地よいばかりではない世界を探検してみようという勇気が沸いてくることであろう。そして、古くからあるこの飲み物がもたらす、きわめて幅の広い多様性を躊躇せず味わってみたいという好奇心をそそられるに違いない。

用語リスト（一〇〇項目）

赤ワイン
酒脚《あし》
甘口ワイン／デザートワイン
アルコール
アルコール発酵
硫黄
育成
丘の斜面のブドウ畑
オーク
オークチップ
澱《おり》
海岸
カーヴ
カシェール

辛口
ガラス製品
カラフ
灌漑
気候
木の香り
厳しさ
貴腐
協同組合醸造所
ギリシア時代
原産地呼称
酵母
コーダリー
コルク（栓）

コルク臭
コンクール受賞ワイン
混酒
コンフィ
酸化
酸味
色調
室温にする
渋味
シャトー
収穫解禁
収穫年
熟成
熟成頂点

白ワイン
新酒
神話的
スクリュー・キャップ
成熟
清澄
繊細な
剪定
ソムリエ
太陽
樽
樽職人
単一品種
タンク
タンニン
地球生物学
長期熟成型ワイン

テースティングの仕方
デメテール(ビオディナミ)
テロワール
仲買人
ナチュール・エ・プログレ
苦味
根(台木)
ネゴシアン(卸売業者)
はかない
パスツール
バックラベル
発泡性ワイン
バランス
ビオ
瓶詰め
瓶詰め病
フィロキセラ(ブドウ根油虫)

複数品種
ブドウ樹
ブドウ品種
ブラインド・テースティング
フルーティ
補糖
マグナム
マロラクティック発酵
水
緑色(青い)
ミネラル感
メダル
有機農業
四五秒
落胆
ラベル
ロゼワイン

ローマ時代
ワイン
ワイン醸造
ワイン醸造学
ワイン醸造技術者
ワイン見本市
喜び

本文中の*は、一〇〇語のなかに含まれる用語であることを意味する。

赤ワイン　VIN ROUGE

節度のない造り方をされてしまう点において、ワイン界の花形的存在。

赤ワインは、時間をかけてマセラシオン〔醸し。ブドウの果皮、種子、果梗（ブドウ房を支える小枝）と果液を一緒に入れて発酵すること。収穫年によりその時間は調整される〕をした黒ブドウのマスト〔ブドウ液〕を発酵させて造る（一定量の白ブドウを混ぜることが認められている地方もある）。マセラシオンの時間は、ブドウ品種*、収穫したブドウの状態、造りたいワインのタイプによって異なる。タンク*のなかで醸す時間は、一週間から四週間に及ぶものまでさまざまである。

赤ワインは、一般的に非発泡性であるが、イタリアでは発泡性のものも造られている。

赤ワインの醸造は、ロゼワイン*よりもあとに始まった。ワイン醸造*の最初の痕跡が認められるのは、紀元前五〇〇〇年代のことである。ワイン醸造を最初に描写したレリーフなどから、摘み取られたブドウがすぐに圧搾されていたと考えられる。マセラシオンの過程はなく、色素を抽出することはできなかった。中世末期まで、ワイン醸造のための設備は簡単なものしかなかった。造り手にとって、最大の投資は圧搾機であったが、あまりに高額で巨大なため、購入できるのはほんの一握りの人びとに限られていた。赤ワインが生産されるようになったのは、十四世紀末になってからのことである。ローマ帝国の滅亡から中世の終わりまで、教会は司教区のなかでブドウ栽培とワイン造りを行なっていた。やがて、修道院制度の拡大に伴い、ブドウ栽培は欧州のいたる所に広がっていった。修道士たちは、ワイン造りに関する知恵や卓越した技法をもたらした。当時、最も生産されていたクレレは、マセラシオンを短期間行なっただけで、ほとんど色のないワインであった。しかし、より栄養とボリュームを求める肉体労働者たちの要望に応える形で、徐々に、赤ワインに取って代わられていった。十八世紀に入ると、醸しの工程に長い時間をかけるようになってきた。マストと搾りかす（果皮、種子、果梗）を一緒に漬けておくことで、濃い赤色をしたワインが造られるようになった。

多くの国々（日本、アメリカ、オーストラリアなど）では、今も白ワイン*の人気が高いが、適量の赤ワインの摂取が健康によいという発表がされてから、ワイン市場で赤ワインが占める割合が増えている。初めて赤ワインが造られて以来、醸造方法は基本的に変化していない。しかし、収穫から醸造、育成*に至るまでの管理方法が、以前とはまったく異なる。

赤ワイン造りの第一段階は、ブドウの収穫である。手摘みで行なわれることも、高性能の機械（ブドウの房を手で包むようにとらえ、少しゆすってまだ熟していないと判断したブドウは切り取らないような性能を備えた機械）が使用されることもある。傷のない成熟*したブドウだけが摘み取られ、残りのブドウは、二回目の摘み取りに回される。収穫されたブドウは、手作業による選別が一、二度行なわれる。ボルドーの大規模なドメーヌでは、ブドウをひとつひとつ房から取る作業に二〇〇人程度を雇うことも珍しいことではない。次に、ブドウの実を圧搾し、果汁を取り出す。そこに、天然酵母か培養酵母を加えて、一次発酵と同時にマセラシオンを行なう（およそ四日間から一〇日間）。マセラシオンにかける期間は、ブドウ品種や造りたいワインのタイプによって異なる。マセラシオンが完了したら、タンクの下部からワインを抜き、澄んだワインを樽*や醸造タンクに移し替える。このようにして回収されたワインは、フリーラン・ワイン（滴のワイン）と呼ばれる。プレス・ワインは、搾りかす（タンクの底に残っているワインと残滓）を圧搾して取るワインで、そのままで育成されることも、フリーラン・ワインと混酒*して育成されることもある。育成容器に入れられたら、ワインの酸味*を和らげるマロラクティック発酵*（特殊なバクテリアを介してリンゴ酸をよりまろやかな乳酸に変える）と呼ばれる二次発酵が始まる。これが、育成期間（木製か中性素材のタンクで実施される）と呼ばれる最終段階である。最長で二年間育成を行なったら、軽くろ過をして瓶詰め*する。

酒脚《あし》　JAMBES

ワインの涙、腿、脚などと形容される、グラスの内側に残ったワインの軌跡を巡って、どれだけの議論がかわされてきただろうか。

完璧主義の人びとは、「脚とか涙と呼ばれるものは、アルコール濃度によってワインの表面張力に差が生じ、グラスの表面を流れるしずくの速度にばらつきがでる物理的な反応である」という科学的な解説を好む傾向にある。また、イタリア物理学者のマランゴニが発見した、加わる熱の温度や密度の不均一によって表面張力が不均一になるという「マランゴニ効果」を持ち出して語りはじめる極端な人びともいる。

しかし、問題はもっと単純なもので、グラスの内側を流れる涙の幅やスピードがワインの品質を表わすか、ということである。その答えはノーである。

確かに、それはワインのコクと力強さをあらかじめ私たちに教えてくれる。しかし、決して品質を表わすものではない。こうした酒脚を引くワインは、見た目は官能的だが、そこから得られる情報は、口当たりがよさそうだということだけである。

グラスの内側のねばりは、滑らかさ、油っこさ、丸み、コクに関する手がかりとはなるが、そのワインが偉大であるか、保存に適しているかを推し量る指標とはなりえない（「テースティング」の項目を参照）。

甘口ワイン／デザートワイン　VIN MOELLEUX / VIN LIQUOREUX

天然甘口ワインのリットルあたりの残留糖分が、三〇グラムから五〇グラムであるのに対して、デザートワインは、三〇〇グラムにも達する。甘口ワインやデザートワインは、一般的に白ブドウを原料として、世界中で生産されているが、その製法は実にさまざまである。

概して、この種のワインは、辛口ワイン*用のブドウよりもかなり遅摘みのブドウで造られる。十二月に収穫を行なう地方もあるが、一般的な収穫期は、十月から十一月にかけてである。ブドウを濃縮させるおもな方法としては、貴腐、乾燥濃縮、冷凍濃縮の三種類がある。

乾燥濃縮とは、収穫前のブドウを自然に乾燥させたり、収穫後、通気のよい場所でブドウを麦わらや籠の上で干すことで、ブドウを濃縮させる方法である。貴腐とは、湿気の多い気候を好むボトリティス・シネレア菌が、ブドウの皮に微小な穴をあけ、なかの水分を栄養として消費することで、ブドウが濃縮されることである（ソーテルヌやハンガリーのトカイ地方の造り手が実践している）。冷凍濃縮は、カナダ、ドイツ、オーストリアで実施されている。ブドウはマイナス七度で凍結するので、夜間に摘み取ることで、濃縮された果汁を手に入れることができる。

手法はさまざまであるが、目的は同一で、糖分を極端に濃縮させることである。しかし、このように糖が飽和した状態は、酵母菌にとっては厳しい環境である。酵母菌は、既得アルコール度を一度上げるのに一七グラムの糖分を必要とするが、アルコール度が一五度から一六度を超えると（約二七〇グラムの天然糖分）、酵母菌が生き残ることができなくなるからである。三二〇グラムから三五〇グラムの糖分（それ以上のものもある）を含むブドウでも、完全な辛口ワインを造ることができないのは、そのためである。

この種のワイン造りは、発酵のサイクルがかなり長いことを除いて実際には辛口ワインと同じである。発酵段階の後半になると、酵母菌の働きが一気に悪くなるため、発酵に時間がかかるのである。

アルコール　ALCOOL

アルコール分が含まれないワインは存在しない。通常のワインからアルコールを除去したものがノンアルコール・ワインと呼ばれている。しかし、アルコール度数〇パーセント表示のワインは、ワインという商品名を用いることができない。ワインの造り手や醸造技術者、ソムリエ*たちは、そうした表示に使用される既得アルコールだけでなく、ポテンシャル・レベルとも呼ばれる潜在アルコールの度数も問題にする。

アルコールは、発酵*によって得られる。熟したブドウには、天然糖が二〇〇グラム以上（一般的には二二〇グラム）含有されている。これが、アルコールのポテンシャル・レベルになる。酵母*の働きで糖が分解されて生じたアルコールが、実際のワインの既得アルコールになり、変化せずにワインのなかに残されたものは、潜在アルコールとなる。いわゆる「辛口」*ワインでは、糖分を残留させないのが基本である。生産地方によって異なるが、規定では発酵後の残留糖分は一リットルにつき一～四グラムまでとされている。

潜在アルコール度数に注意が払われるのは、残留糖分が多い甘口ワイン*や貴腐*ワインの場合である。ソーテルヌ地方のほとんどのシャトー*では、ポテンシャル・レベルが最低でも二〇度に達するまでは収穫を開始しない。白ワイン*でアルコール度を一度上げるためには、およそ一七グラム（赤ワインの場合にはおよそ一八グラム）の糖分が必要になる。したがって、ブドウに含まれる天然糖分が最低でも三四〇グラムから三五〇グラムなければならない。

既得アルコール度一三度の辛口ワインの多くは、「アルコルー」と表現されるアルコールが勝ちすぎたワインである。不適切な栽培方法や、単に醸造工程における失敗が、このようなアンバランスを引き起こすことが多い。とはいえ、年によっては糖分を多く含むブドウが収穫され、その結果アルコールが顕著に感じられるワインが生産されることもある。最近では、二〇〇三年がその年にあたる。

アルコールが高いワインを保存しても、その特徴が消えることはない。そのようなワインをサーブする場合には、格別の注意が必要である。単純にカラフ*に移せばよいというものではなく、温度調整が肝心である。赤ワインは一八度を超えないよう、白ワインは一〇度以下にならないように気をつける。

酒精強化ワイン（VDN）とは、発酵中の果汁に、同じくブドウ由来のブランデーか、その他の蒸留酒を添加して酵母の働きを止め、ある程度の天然糖分を残したものである。こうしたワインは、途中まで発酵させた天然アルコールが、添加されたアルコールと馴染むのに時間がかかるため、若い時期に飲むとアルコールが顕著に感じられるものが多い。若いポートワインや、若いバニュルス、モーリーなどは、アルコールが高くなりがちである。このようなワインを味わうには、ちょっとした辛抱が必要である。

アルコール発酵　FERMENTATION ALCOOLIQUE

アルコール発酵は、目に見えない代謝によって起こっているのだが、一見、それはあまりにも単純で当り前のことなので、グラス*にワインを注ぐときにはその重要性をつい忘れてしまいがちである。

アルコール発酵抜きのワインなど存在しない。
アルコール発酵とは、酵母*（微小なカビ類）の力で二酸化炭素と熱を放出しながら、ブドウの天然糖をエチルアルコールに変える過程である。ここでは、アルコール発酵の段階で生成される化合物の詳細については触れないでおくが、おもなものとしてグリセロールや酸類、芳香性物質などがある。酵母は、発酵過程において重要な役割を果たしているが、これは自然界のいたる所に存在する菌類である。果実の皮（表面の蝋粉）や、カーヴ*の設備、壁などから採取したものは、天然酵母に分類される。質の良くない天然酵母しか採取できなかった場合、残念ながらほとんどのケースがそれに当てはまるのであるが、造り手は選別酵母と呼ばれる養殖酵母に頼らざるをえない。

発酵がうまく行なわれるために、酵母にとって満たすべきいくつかの条件がある。それらの条件を満たさなければ、アルコール発酵はうまくいかない恐れがある。発酵が遅れるか、停止してしまう恐れがあるので、室内温度は一〇度から一二度以上に保つ。四五度から五〇度以上では酵母が死んでしまうため、室温が高すぎるのもよくない。発酵は嫌気的条件（酸素がない条件）のもとで起きるが、酵母自体が増殖するには酸素が必要である。ワイン醸造技術者*は、これらの点につねに注意を払わなければならない。酵母は、自分で作ったアルコール分が高くなりすぎると（一六度から一八度）、活動ができなくなる。

発酵後に残っているブドウの香りを第一アロマと呼ぶ。さらに、発酵によって生成される香りは第二アロマ、瓶詰め*されてから数年後に熟成*によって生成される香りは第三アロマとそれぞれ呼ばれる。

硫黄　SOUFRE

要注意。硫黄は、ワインの悪い点のほとんどすべてを一身に背負わされているゴミ溜めのごときことばである。

硫黄は、黄色い結晶をつくる天然物質である。自然界には数多く存在し、とくに火山地方に見られる。無味無臭で水に溶解しない。肥料（硫酸塩）として用いられ、生物にとって必要不可欠な物質である。また、硫黄は、二十世紀には大量に用いられ、非常に多くのテロワール*で見られる鎮痛療法を生み出した。硫黄を粉末にして燃やすと、青い炎と刺激性の煙を上げる。

二酸化硫黄は、無色で有毒性の高濃度ガスであるが、ワインの防腐剤としても一般的に使用されている。二酸化硫黄は、ワインの醸造過程で重要な役割を果たしている。一般に、ワイン醸造*に用いられる酵母*は、他の菌よりも二酸化硫黄に対して耐性がある。そのため、二酸化硫黄は、酵母菌以外の有害な菌の増殖を抑えることができる。今のところ、二酸化硫黄を添加しないで、ワインの再発酵〔残存している糖分やリンゴ酸が、瓶内に生き残った酵母や乳酸菌によって代謝される現象。ワインがガスを帯びて味わいが変化〕や微生物汚染を防ぐことはできない。

二酸化硫黄の存在は、古代から知られていたが、実際に使用されるようになったのは、現代に入ってからである。二酸化硫黄には、刺激臭があり、添加量が多くなると頭痛を催す。二酸化硫黄は、果汁から瓶詰め*に至るまで、ワイン造りのあらゆる段階において用いられる。

添加される硫黄の量によって、ワインの保護環境は多少なりとも変わってくる。二酸化硫黄を添加されたワインは、温度差や搬送の悪条件に対しても耐性がある。逆に、ビオ*に真剣に取り組んでいる造り手が実践しているような硫黄を含まないワインは、搬送に弱く、一五度以上での保存状態には耐えることができない。輸出のため、単にカーヴ*から安全にワインを送り出したいからなど、理由はさまざまであっても、多かれ少なかれ、生産者はワインを保護しなければならない。ビオに取り組む栽培者にとって、二酸化硫黄をどの程度添加するかという判断は非常に重要な問題である。

育成　ÉLEVAGE

ワイン業界では、発酵の最終段階から瓶詰め*までの段階、つまり生まれたてのワインが本物の「ワイン」と呼べる状態になるまでの段階を育成と呼ぶ。いわゆるワインを育てる段階である。

ワインが市場に出回るまでに施される作業全体をまとめて育成と言う。ワインにはその種類に応じた育成方法がある。とはいえ、辛口白ワイン、甘口白ワイン、軽い赤ワイン、長期熟成型赤ワイン、発泡性ワイン*、ロゼワイン*、どんなワインもこの段階を経て形成されるのである。

育成の内容は、一般的に澱引きで不純物を分離してワインを純化する（清澄したワインを他の樽へ移し替えて、多少の空気に触れさせる）、熟成工程の開始、アロマを変化させる、オーク*（ブナ科コナラ属の樹木の総称）樽*に含まれる外的なタンニン*によってワインの天然構造を補完する、同じ区画の畑やロットのタンク*あるいは樽のワインを最終的に混ぜ合わせる、ことである。

ワインの育成には時間がかかる。また、ふさわしい容器を用いなければならない。早飲みタイプのワインには、ステンレス製やセメント製のタンクを使用するが、しっかりとした骨格のワイン用には、オーク製のものが好んで用いられる。容器の大きさは、ワインのポテンシャルや造り手の希望のポテンシャル・レベルに合わせたものが選ばれる。豊かで濃厚なワインは、ポテンシャルを広げるために大量の酸素を必要とするので、樽を使い少量単位で育成される。それに対して、豊かさや濃厚さを持ち合わせないワインは、タンクに移され、大量育成の効果が求められることになる。近年、ワイン本来の弱さを補うためににオークが盛んに使用されるようになってきた（「オークチップ」の項目を参照）。

丘の斜面のブドウ畑　COTEAUX

日当たりのよい丘の斜面ほど、ブドウ畑にとって有利な条件は他にないだろう。ブドウ栽培に適した場所は、収穫量と品質の二つの観点から論じることができる。丘の斜面のブドウ畑は、必然的に高品質なブドウを栽培することができる畑と解釈される。

丘の斜面のブドウ畑はすこぶる評判がよい。しかし、丘の斜面であっても、それがブドウ栽培に適したテロワール*でなければ価値はない。世界的に名高いブドウ畑のなかにも、わずかな高低差すらないところが数多く存在する。しかし、丘の斜面に位置し、しかも向きまで理想的な偉大なテロワールともなれば、そこで製造されるワインは必ず上質なものになる。北半球でブドウ栽培に最も適した斜面の方角は、南東、真南、南西である。南半球の場合はその逆になる。

ブルゴーニュのケースを例にとってみよう。ほとんどのグラン・クリュ（特級ワイン）が、丘の斜面の畑で栽培されたものだが、丘の一番高いところや、ふもとで栽培されたブドウは最高のものではない。斜面の上のほうでは土がやせすぎているし、下のほうでは水が流れ込むため湿度が高くなってしまうからである。テロワール*の土壌の質、日当たり、区画の位置といった好条件が揃えば、上質なワインが得られることは事実上保証されたようなものである。しかし、丘の斜面の畑を利用したワイン造りには、甚大な努力と人手が必要とされる。そのために、二十世紀の初頭から中頃にかけて、知名度の低いワインを生産する丘の斜面のブドウ畑の持ち主の多くが、斜面の畑を捨ててもっと少ない労力ですむ平地へと移っていった。斜面に位置するブドウ畑の維持費は、ワインの価格に比較してあまりにも高くなりすぎていたのである。

丘の斜面でブドウを栽培するには、その傾斜のため、つねに特別な世話をしなければならない。産地によっては、傾斜度が七〇度という畑もある。ブドウ樹は、段ごとに低い石垣で支えられているので手入れが必要で、豪雨のあとには部分的に修復も必要になる。ブドウ樹は、山の斜面に対して平行、あるいは垂直に植えられている。いずれの方向であっても、収穫には、多くの熟練した人手が必要になることに変わりはない。すべて人の手による作業なので、製造費が販売価格に直接はね返ることになる。ポートワイン、コート・ロティ、スイスのヴァレの特級畑などでは、現在もなお、こうした方法で生産されている。

オーク　CHÊNE

ワインの歴史は、オークの歴史と関係が深い。オークは十九世紀末まで艦隊船の材料として用いられていた貴重な木である。オークは、乾燥と経年変化に弱いが、非常に堅く、安定性に優れている。耐久性に富み、タンニン*を多く含むためカビが生えにくいことから、湿気の高い環境での使用にうってつけの素材である。フランスの最も美しい森林は、この船舶用材を供給するために維持されていた森林である。また、船舶用材を供給するために、オークの苗木が人工的に植えられた森林もある。コルベールの命令で造られた有名なトロンセの森のオークは木目が美しく、今でも、世界中のワイン製造業界からひっぱりだこである。森林はつねに細心の注意を払って管理されており、国の森林管理機関であるONF（フランス国立森林公社）が、その名誉にかけて一級品の樹木の育成に努めている。フランスが、最高品質のオークを供給する数多くの大樹を有しているのは、そのような努力の賜物である。

ワイン樽にオークが使用されるのは、単にオークが頑丈だからではなく、味にも影響を与えるからである。樽*を製造する際に、強火を当ててオークの樽板を曲げる工程があるが、このときにバニラの風味が生まれ、樽からワインにその風味が伝えられる。ワインにおける木の香り*は、焼いたオークとワインの風味が混じりあうことで生まれるのである。オークの木がワインに与える影響は、「トースト」や「バニラ」の快い香りや味となって現われる。そのため、造り手は、木の影響が強くなりすぎないよう毎年、ワインの造り方を調整している。

もちろんオークの生産国は、フランスだけではない。アメリカ産のオークも、品質と価格面で人気が高いが、木の甘い香りを与える傾向がある。世界的な需要に応えるため、数年前から中欧産のオークも高い技術の樽職人*によって試されている。

資金に余裕のない造り手のなかには、タンク*のなかに直接オークチップ*を入れて、樽管理の工程を省いているところもある。

オークチップ　COPEAUX

二〇〇六年末、ＡＯＣワインの生産に実験目的でのオークチップの使用が認可されて以来、木片、建築用材、その他のチップ類の売上はかつてないほどまでに上昇した。現在、フランスの行政命令（アレテ）では、ＡＯＣワイン以外のワインに対するチップの使用を禁止しておらず、容認された行為である。

木片の投与が許されたことによって、いくつかの地方の生産者には多大な恩恵がもたらされた。とりわけ、小樽で醸造するだけの資力のない生産者や、熟成*に多くの時間や費用をかけたくない生産者（小樽で香りを付けるには一〇カ月から一八カ月待たなければならないのに対して、オークチップでは五～六週間です む）にとっては大きな転換であった。しかし、ボルドーのような有名なワイン産地でも、オークチップは試用されている。

オークチップは、比較的簡単に使用することができる。ワインの骨格に適した形と長さのチップを適量入れて、木の香り*をつければよい。こうすれば、名もないワインでも、世界中で生産されている同じタイプのワインと競合できるようになる。欧州では、チップの長さは二ミリメートル以上と定められているが、欧州以外では、オークパウダーの使用も認められている。つい最近まで、この「テクニック」を使用する大半のワイン生産者は、批判されることを恐れて、チップを用いている事実を公表していなかった。

今後も、品質より費用と時間の節約が優先される傾向が続くのだろうか。おそらく、そうなるだろう。とくに、オーク樽に費用をかけることができない無名の地域においては、確実である。流行に流され商業的圧力に屈するしかないドメーヌにとって、そのためにかかるコストや求められる技量を考えれば、小樽での育成*は、ほとんど非常識な行為であると言ってよい。ワインのクラスを決定する際に樽*の費用が上乗せされれば、格の高いワインの味わいがあるとみなされる販売価格のレベルになってしまう危険が高くなる。そのような場合には、オークチップの使用を検討しなければならないだろう。

ここまでで、オークチップが頻繁に用いられるようになった背景を理解することができたのではないだろうか。では、オークチップを使用した場合に、実際にコストに与える影響がどれくらいであるかをボトル一本について調べてみたところ、フランス製の小樽を用いた場合が、一本につき約一〜一・八ユーロであるのに対して、オークチップの場合はわずか〇・〇二〜〇・一ユーロであった。

この一年間で、オークチップの需要は三〇パーセント増加している。フランスとイタリアが二大市場であるが、最近ではスペインでの需要が急激に高まりつつある。

フランス国内では、ラングドック地方が最大の消費地域である。最近では、これまでオークチップがあまり使われていなかったボルドー周辺でも、徐々に需要が増えてきている。オークチップを扱う企業は、団結してワイン醸造用材木生産組合（SPBO）を創り、この新しい手法の価値を高めようと取り組んでいる。まず、組合は「オークチップ」ということばを用いるのをやめて「ワイン醸造用材木」とすることを提唱した。現在では、オークチップは小樽育成の代わりではなく、完全に別の手法であることを示そうとして、この代替語も用いられなくなっている。言うまでもないことだが、こうした手法で造られたワインのラベル*には、オーク製の小樽で「発酵した」、「熟成した」、「育成した」などと記載することは禁止されている。

質の悪い小樽を使用するくらいなら上質のオークチップのほうがましであるという意見や、これは市場の現実であるとしてオークチップを擁護する人びとがいる。確かに、必ずしも小樽を使う必要のないワインにオークチップを使用すれば、人手や人件費を削減することができる。また、熟成期間が短くなるためすぐに現金を手に入れることができるなど、そのメリットは大きい。こうして削減されたコストがワインの品質に反映されているかどうかは、各自の味覚が判断することである。

澱《おり》 DÉPÔT(S)

底に澱があるワインボトルに出くわすと心配になるものである。まだワインの経験の少ない人にとって、沈殿物が瓶の底や、寝かしたワインの底部に溜まっているのを見ると、不安になるのは無理のないことである。

しかし、澱のほとんどは、ワインの熟成中*になんらかの成分が不溶化したものにすぎない。澱は時間とともに自然に発生するもので、決して造り手の手落ちによるものではない。

赤ワインにできる澱は、その大部分がポリフェノールの凝結したものである。成分のほとんどがタンニン*であるが、ワインの色素も含まれている。近年、ワイン醸造*とろ過の技術が著しく進歩したので、現在のワインの澱の成分は、以前のものと比べると大きく異なっている。赤ワインの場合、以前は色調*が不安定で沈殿物がたまりやすかったが、清澄*の過程で色調を安定させることができるようになった。ろ過システムは、年々精度が上がるばかりであるが、一方で収穫年*によっては、あえてろ過をしないこともある。そうしたワインの場合は、年月を経た瓶の底に細かな沈殿物が見つかる場合がある。（優れたドメーヌのものに限られるが）ろ過をしないのは、味のよいエネルギッシュなワインにするために澱のもととなる辛口*の成分をワインに残すためである。

赤ワイン用のブドウは、品種によってタンニンの構造が異なる。タナ種（マディランの品種）のほうが、ガメイ種（ボージョレの品種）よりも澱が多い傾向にある。

白ワイン*の澱は、赤ワインのそれとは本質的に異なる。白ワインの澱は、色素によるものではなく、醸造過程で酒石酸（ワインに含まれる果実酸）が沈殿したものである。美的な理由から、造り手が醸造過程でワインを冷やしてわざと沈殿物を発生させることもある。細かいクリスタル状をした酒石酸の結晶は、瓶の底に固まったりコルク*にこびりついたりする。瓶を開けてみたらこのような粒状の澱を発見することがあるが、決して砂糖の結晶と間違えてはならない。

これと同じ澱が赤ワインにも発生することがある。気温の低い場所、寒すぎる部屋に赤ワインを長期間保存した場合である。このような澱には風味が一切ないので、取り除くだけでよい。

ワインをサーブする際には、澱を取り除く必要がある。実際には、カラフ*に移し替えるときに小さなフィルターを通してやることで澱を分離するとよい。澱がワインの品質になんら影響を与えていないとしても、見た目や舌触りが良くないからである。熟成しすぎていて、カラフに移すにはもろすぎるワインの場合は、ラベル*にしみをつけないように気をつけながら、前もってよくすすいだ元の瓶にろ過したワインを戻すとよい。

海岸　RIVAGES

ギリシア人やローマ人が開墾した非常に古くからのブドウ栽培地について調べてみると、水辺に位置していることがわかる。当時のブドウ栽培地は、ほとんどすべて海沿いか川沿いにあった。ブドウは、船が停泊する場所で栽培されることが多かったが、それは水運がワインの取引を活発にしたからである。しかし、豊かな水*は、輸送に役立っていただけではなく、ブドウ栽培に好ましい気候*的状況を生み出す力にもなっていた。

まず、水が豊富にあると、ブドウを凍害から保護してくれる。同時に、ブドウの葉が適度に湿った状態でいられるため、二〇〇三年に経験したような記録的な猛暑に対しても、ブドウが耐えることができる。また、河川は、甘口ワイン*やリキュールのような上質の甘口ワインを造り出す貴腐*の成就に必要な朝もやを生む。湖や大きな池は、水面から強い反射光を付近のブドウ畑にまで拡散することで、さまざまなブドウ品種*に特別な成熟*効果を与える。

また、言うまでもなく、水*はワイン醸造*において決定的な役割を果たしている。

カーヴ　CAVE

ワインを保管する地下倉庫を持つことは、愛好家の夢である。とはいえ、いくつかの基本的な条件を満たせば、特別な場所でなくともワインを良好な状態で保管しておくことができる。地下は冬場と夏場の温度差が少ないため、保管場所としては理想的である。ただし、換気を良くしておかなければ悲惨な結果が待っている。湿度が高すぎると、木箱やダンボール箱が崩れたり、ワインに嫌な匂いがついてしまうなど、さまざまなトラブルの原因となる。

誰もがワイン貯蔵庫を持てるわけではないので、貴重なワインの小箱を保管する場所についての条件を列挙しよう。

まず、しっかりした扉がついていていることが肝心である。これは防犯対策にもなる。すきま風はワインにとって害になるので、できれば適度に換気ができるよう扉には蜂の巣状の通気部分があったほうがよい。

砂利と砂を混合したものを床に敷き、毎週、少量の水をまきながら湿度管理（七〇～八〇パーセント）を行なう。空気が乾燥しすぎると、コルク栓*が脱水状態になり、収縮して空気を通過させてしまうので注意が必要である。

室温（一二度～一六度）は、低めで一定していることが重要である。骨格のしっかりとしたワインであれば、年に二回、四、五度程度の温度差に耐えることができるが、外気や電気器具等の熱によって日常的に室温が変化することは厳禁である。室温が低すぎるとワインの熟成*を止めてしまい、高すぎると熟成を加速させてしまう。

ガソリンや塗料などのしつこい臭いや、振動、光などもワインに悪い影響を及ぼすので避けるべきである。

家庭用ワインセラーは、中期保存用のワインを保管するのに適している。しかし、販売業者が長期保存もできると保証したとしても、高級ワインを長期間入れておくのは危険である。ワインの長期保管に適した場所を持たない愛好家が、高価な長期熟成型のワイン*を購入するのは、愚行であると言わざるをえない。

カシェール　CASHER

ヴァン・カシェールと呼ばれるユダヤ人向けのワインは、秘跡とも言えるほどさまざまな掟に従って製造されている。その製造法は非常に厳格であり、醸造*から瓶詰め*に至るまで、ユダヤ教のショムリムと呼ばれる人びと以外が、直接的であれ、間接的であれワインに接触することは一切禁じられている。万一、誤って接触してしまった場合には、ただちに「ヴァン・カシェール」という名称を付けることができなくなってしまう。

具体的には、ショムリム以外の人が、製造タンクに触ることすら許されず、製造ラインを稼動させたり停止させたりすることもできない。さらに、電気制御盤（ブレーカー・稼動スイッチなど）に近づくことも許されない。

醸造のプロセスは、他のワインとほとんど同じで、使用される製品や原料は伝統的ワインと変わりはない。ただし、酵母*とろ過剤については、カシェール認証を得たものしか使用が認められていない。動物性製品（清澄*用の卵白）と保存料の使用は、禁止されている。

ヴァン・カシェールは、イスラエルのドメーヌのみで造られていたが、最近ではフランスや世界中の有名なドメーヌでも醸造されるようになった。ワイン製造の設備がカシェール用に整えられていなければ、儀式的な処理を受ける必要がある。

宗儀を守るユダヤ教徒が飲むことを許されているのは、このヴァン・カシェールだけである。

辛口　SEC

辛口ということばは、きわめて明瞭な意味においては、最も誤用されることの多いワイン用語のひとつである。

「辛口」とは、残留糖分の少ない（一リットルにつき四グラム以下の糖分）ワインを称する場合にのみ使用される用語である。辛口の発泡性ワイン*には、酸味*を和らげるために、二パーセントから四パーセントのリキュール（ショ糖と年代物のシャンパンの糖分）が添加されている〔EUでは、Sec, Dryは、普通のワインと発泡性ワインのあいだでまったく異なる意味合いで使われる。糖分が一リットルあたり四グラム以下である普通ワインに対して、発泡性ワインは、一七〜三二グラムで、そこそこ甘い〕。

「辛口の」という形容詞は、赤ワイン*よりも、白ワイン*やロゼワイン*に用いられることが多い。残念なことに、近年、多くの消費者から、辛口ワインが香りの弱いワインであると思われている。辛口ワインは、中甘口や甘口ワイン*と同じ過程をたどって造られる。多くの辛口ワインはステンレスかセメント製のタンク*で育成*され、果実と発酵から直接得られる香りだけを呈している。一方、辛口ワインが樽*で育成されることもある。たとえば、世界の最高級白ワインは、すべて樽で育成され、果実の香りに木の香り*が混じりあっている。つまり、タンクで育成されようと樽で育成されようと、リットルあたり四グラム以下の残留糖分のものであれば、それは辛口のワインである。育成をステンレス製タンクで行なうか樽で行なうかという違いで、辛口であるか否かが決まるものではない。しかし、香りの広がりは異なり、樽で育成したもののほうがやや複雑である。果実香の強いゲヴルツトラミネールが、ムスカデと同じくらい辛口ということはありうる。

辛口白ワインでも、製造法によっては、多くの甘口ワインと同等の熟成*と保存のポテンシャルを持たせることができる。新しいワイン醸造技術が導入されたことや、ある種のブドウ品種*の成熟度を管理できるようになったことで、辛口ワインでも残留糖分を思わせるような甘い口中感覚を生み出すことが可能になった。判断に迷うようなら、口のなかに空気を入れながら四五秒*間かけて、残留糖度を確認するとよい。

ガラス製品　VERRERIE

日用品であり、しばしば装飾品としても用いられるグラスは、ワインの生涯における最後の表現者である。ワイングラスの選び方を誤って、大きすぎたり小さすぎたりすると、知覚的にも、ワインの構造自体にも思わしくない効果を及ぼす。逆に、ワインのスタイルに合ったグラスを使うだけで、知覚的に得られる喜び*は何倍にもなる。

ワインを購入する前に、必ず試飲をすることにしている愛好家であれば、試飲の際にも自宅で使用するグラスと同じものを使ったほうがよい。さもないと、自宅で抜栓したときに、試飲時と同じ味わいを得ることはできないかもしれない。

専門家が一般的に使用するグラスは、少々複雑な形をしている。そのようなグラスは、テーブルで使用するには不向きであるが、ワインの品質と欠点をはっきりさせるためには有効である。ワイン醸造技術者*や、ドメーヌのオーナー、プロの買い付け人は、ワインの最大ポテンシャルを確かめるために、ワインを「いじくり回し」、ワインの構造をむき出しにできるようなグラスを用いるのである。一般の消費者が使うグラスは、技術的には劣るが、美的観点においては優ることが多い。グラスの美しさは、必ずしもワインを味わうために役立つわけではない。高級クリスタルメーカーのグラスには、このうえなく美しいものがあるが、現代のワインを引き立たせたり、消費者の新しい要望に応えるグラスとしては必ずしもふさわしくない。まず、厚くて重すぎる。それから、アロマをまとめるためのふくらみもない。こうしたグラスにワインを入れたところで、飲む前に時間をかけて香りをかぐことなどできるだろうか。ワインのスタイルに合わせて、個別に使用すべきグラスのシリーズを提供しているメーカーもあるので、そちらの製品をお勧めしたい。

あらゆるタイプのグラスをすべて揃えておく必要はないが、経験豊かな愛好家ならば、薄手から超薄手の細長いオリーブ型をした容量二〇〇ミリリットルのものから二五〇ミリリットルの万能型と呼ばれる美しいグラスを、少なくともひとつは用意しておきたい。万能型グラスは、白ワイン、赤ワイン、古酒ワイン、発泡性ワイン*に用いられる。このような万能型グラスがあれば、おおむねそれで充分である。

とはいえ、持てる力を存分に発揮するために容量の大きいグラスを必要とするワインもある。そのようなワイン用に、四〇〇ミリリットルから七〇〇ミリリットル入るグラスを二種類揃えておきたい。ひとつは、大きくて上のほうがふくらんだ形をしたもので、高級白ワインやタンニン*の少ない赤ワイン（ブルゴーニュ、シャトーヌフ・デュ・パプ）に用いる。もうひとつは、容量は同じだが細長い形（オリーブ型）をしたもので、力強くタンニンの多い高級赤ワインに用いる。

グラスの素材については、見事な光沢と絹のような肌触りを求めるならばクリスタル製のものということになるが、良質なガラス製のものでもよい。ただし、いずれの場合も非常に薄いものでなければならない。薄手のグラスは、軽くて唇に実に心地よい感覚を与えてくれる。グラスを洗う場合には、軟水を使用してできる限り洗剤を使わないようにする。

カラフ　CARAFE

ワイン愛好家に非常に高く評価されているカラフだが、誤って用いられると逆効果を生んでしまうことがある。実際にカラフが用いられるのは、自宅での休日のランチで飲むワインの見栄えを良くしたり、有名なレストランで隣のテーブルの客を驚かすためだったりすることも多い。しかし、そもそもカラフは実用的なもので、ワインの通気のために使用されるべきである。

それにしても、カラフは誤って使用されることがあまりにも多すぎる道具である。給仕のための便利品や、単なる装飾品として扱われていることが多すぎる。もっとひどい場合には、ワインのちょっとした問題を解決してくれる不思議な道具程度に考えられている。

クリスタルカラフは、確かに豪華である。しかし、カラフは素材より形状や容量のほうがもっと重要である。ワイングラス（「ガラス製品」の項目を参照）の場合は、世界的に有名なものを所有すれば、それで満足ということがありうるかもしれないが、カラフの場合、ことはそれほど単純ではない。非常にデリケートなワインにはドゥース、若すぎるワインにはブリュタル、その他のワインにはプログレッシヴという三つのタイプのカラフを使い分けることをお勧めする。

カラフ・ドゥースは、垂直形で上から下まで同じ幅の細めのカラフで、その形はワインボトルに似ている。熟成したワインや繊細すぎるワインの澱*を分離させるために用いる、最も大切なカラフである。

カラフ・ブリュタルは、通気を目的に用いられる。空気に触れる面積が広くなるように底が広く、最低でも一三〇〇ミリリットルのワインを入れることができる。タンニン*過多で、通気や酸化*に対する心配のないワインはこのタイプのカラフに移してよいだろう。カラフ・プログレッシヴは、ゆっくりと通気しなければならないようなワインに用いられる。最後の二杯分のワインが空気に触れすぎないよう、底が尖った逆三角形をしている。

ワインをカラフに移し替える前に、頭に入れておかなければならないことが二つある。まず、会食者の人数である。なぜなら、会食者の人数はワインがカラフに入れて置かれる時間と関わっているからである。もう一つは、そのワインの酸化しやすさである。この二つの要素と料理を供するのに必要な時間を計算に入れて、ワインをカラフに移す時間を調整しなければならない。

カラフについていささか不安を抱いている愛好家の方々には、カラフを使う代わりに非常に大きなふっくらとしたグラスを用いることをお勧めする。そうすれば、カラフとほとんど同じ効果を得ることができる。ただし、少しだけ長めにグラスに入れたままにしておくということを、会食者全員に納得してもらう必要がある。

澱のあるワインをカラフに移す場合には、ワインろ過専用の薄いフィルターを用いることを強くお勧めしたい。専用フィルターを使用すれば、ワインを最後まで飲みきることができて無駄がない。

最後に、ワンポイント・アドバイス。招待客のグラスをすべて交換することにならないよう、カラフに移し替える前のテースティングを習慣づけていただきたい。

灌漑　IRRIGATION

フランスでは、生育したブドウ樹*への水*やりは、厳しく制限されている。食用のブドウと異なり、醸造用ブドウの生産性と品質の管理は、給水制限も考慮して行なわなければならない。醸造用ブドウの場合、木を植えてから三年目までは点滴灌漑を行なうことが可能である。しかし、ワイン用として使えるブドウが実をつけたら、それ以降、水やりを行なうことができない。したがって、まじめな作り手は、ブドウに水をやらなくても、水不足に陥らないようにつねに注意を払っているものである。おそらくは、気候*の変動による結果であると考えられるが、土壌中の水分不足が深刻な問題となっている地方もある。経済的に余裕のないドメーヌでは、人手不足からつねに土壌を管理することができず、状況はさらに深刻である。ブドウ栽培家のあいだでは、いかにしてブドウ樹が乾燥から受ける影響を軽くすることができるかが新たな課題になっている。

土壌を整備することで、乾燥の被害を多少なりとも軽減することは可能である。土壌の水分が蒸発することや、より低いほうに流れてしまうのを抑えるために、木と木のあいだに被覆作物を植えることもある。被覆作物は冬季にだけ植えられ、ブドウ樹が土壌から水分を取り込む時期には取り除かれる。被覆作物を植えたままにしておくと、逆効果になることがある。

また、新しく木を植える場合には、環境の変化に合わせた根*（台木）や品種が使用される。

気候 CLIMAT

暑さ、寒さ、雨、日光、風など自然条件がワインに及ぼす影響は、土質がワインに与えるのと同じくらい大きい。作り手は、経験を頼りに気候の影響を制御する方法を獲得していく。ブドウが生育する過程で複数の気候的要因が重なるようなときがある。そういうときにこそ、作り手の冷静さが試されるのである。収穫年*ごとに、作り手はその年の気象条件をしっかり把握しなければならない。

熟れたブドウの実をつけさせるためには、確かにある程度の暑さや明るさが必要である。したがって、日照に恵まれた気象条件のよいブドウ畑であれば、偉大なワインを造り出すことができると考えられがちだが、実際はそうではない。ブドウ樹*は、つる植物であり、当たり前だが太陽*を必要とする。しかし、日照時間が長ければよいというものではない。しっかりと成熟*したバランス*のよい果実からは、バランスのとれたワインを造ることができる。バランスのよい果実になるためには、ブドウ樹にも休息が必要である。ブドウ樹は、曇りの日の涼しい日中と、気温の下がる夜間に休息している。そのため温度調整のために手を加えたほうが、ブドウ樹が力強くなる。釣り合いのとれた気候がブドウに完璧な調和を与え、ワイン醸造*の過程で酸味*と苦味*の絶妙なバランスとなって伝えられるのである。

日当たりが良すぎる地域で育ったブドウよりも、穏やかな気候のもとで育ったもののほうが、ワインにとって好ましい影響を与えることは難なく立証できる。一五年から三〇年かけてゆっくりとポテンシャルが変化していくような偉大なワインは、すべて北半球で生産されたものである。それは、酸味とタンニン*のバランスが保存過程において非常に大きな役割を果たしているからである。

南半球で生産されるワインのほうが、もたらされる喜び*が少ないとは言わないが、北半球と南半球では、ワインの骨格がまったく異なっている。南半球のブドウに含まれる天然糖分は、北半球に比較してはるかに多く、その分、転換されるアルコール分が高くなる。反対に、自然の酸味が少ないために、全体的にすべすべして丸みを帯びた感じがあり、なおかつ、瞬間的で、口中余韻が短い。

木の香り　BOISÉ

世界中の傑出した赤ワイン*の大部分と、白ワイン*の多くは、オーク樽*で育成*されている。フランスは、上質なワインを育て上げるのに最適なオークの生産地として知られている。また、世界中で製造されている樽*のほとんどは、オーク製である。樽を製造するとき、樽板を曲げ加工しなければならないが、そのときに折れてしまわないように、樽板に強い炎があてられる。さらに、樽が組み上がったら、仕上げにまた加熱される。

バニラや、トーストしたパンと形容される快い風味を与えているのが、この加熱の工程で樽につけられた木の香りである。とはいえ、行きすぎが起こりうるのもこの加熱段階である。ワインの風味が木に負けてしまうと、全体的な味わいを客観的に評価することができなくなってしまう。

ワインが生産される地域や地方、習慣、また必要性に応じて、木から受ける影響の度合いは異なってくる。そのままで美しくバランス*のとれたワイン、フルーティ*なワイン、あるいは精気と強さを備えたワイン、どんなワインであっても、それぞれのワインはテロワール*の深遠なメッセージの伝達者である。そうしたメッセージ性を備えたワインを、腕のよい樽職人*が作った高品質な樽で育成すれば、ワインによい効果をもたらし、より複雑な味になる。ところが、ポテンシャルが低いために複雑さに欠けたワイン、未成熟のブドウや水っぽいブドウで造ったワインの場合には、たとえ同じ処理の仕方をしても、小細工になってしまう。

それが、故意に付けられたかどうかは別にしても、木の香が強いワインというものは多い。合法的な範囲で、木のチップをタンク*に直接入れて香りを付けることは可能である。そうした方法をとれば、樽の保有に巨額の投資をしなくても、木の香の強いワインを製造することができる。正統な方法で木の香をつけられたワインは、樽の費用がかさむために必然的に高価なものとなってしまうが、環境に恵まれないブドウの産地であっても、正しい方法でチップを用いて製造すれば、低価格で洗練されたワインをつくることも可能である。

愛好家たちは、数年間の熟成後に失望するようなことを避けたければ、試飲の際に生産工程の影響を識別できるようにならなければならない（コルク臭*についても同様である）。そのためには、自分の味覚を鋭敏にするしか方法はない。

厳しさ　AUSTÈRE

ワインが「厳しい」とか「いかめしい」と形容されることがあるが、その厳しさが一時的なものであれば欠点ではない。しかし、厳しさはあらゆる繊細さを覆い隠してしまうので、それ自体が長所となることはない。ワインの厳しさが、高く評価されることはまずない。

ワインが厳しくなるのには、いくつかの要因がある。まず、ブドウ栽培やワイン醸造*の手法があげられる。たとえば、マセラシオン（醸し）の過程において、果梗を取り除かずにブドウをタンク*に入れると、即座には熟成せず、ワインに厳しさが付与される。このように、厳しさは、伝統的な手法に起因することもあるが、実際にはブドウの成熟不足と関係しており、タンニン*の含有量をうまく調節できなかったことに由来することが多い。

厳しいワインは、その熟成過程を通してその特性が持続するわけではないが、ワインが若いときには、強調されてしまうことがある。高品質な長期熟成型ワイン*では、香りにも味にもこのような厳しさが含まれているものである。厳しいワインは、質感があまりにもしっかりとしているので、のど越しが「ざらざらしている」と感じられることもある。

いくら熟成させても、厳しさが消えないワインもある。この種のワインを購入したくなければ、ワインショップ店主や造り手に聞いてみればよい。

貴腐　POURRITURE NOBLE

高貴なる腐敗とは、なんとも不思議な表現である。

ボトリティス・シネレアは、果物や野菜を腐らせる原因菌である。しかし、世界中のごく限られた場所では、この菌が最も気高いものを生み出すのに一役買っている。シャトー・ディケムやアルザスのグラン・ノーブルセレクションのような、まろやかで最上級の神話的*なワインを生み出すのに重要な働きをしているのが、まさにこの菌である。

「腐る」という言葉が入っているため、あまりよいイメージがないかもしれないが、ボトリティス・シネレアの働きは一種の魔法とも言えるものである。この菌は、ブドウに含まれる水分を養分として吸い上げることで、ブドウの実のなかに含まれる糖分を濃縮させるのである。この菌は、ブドウが青い実を付けたときにはすでにブドウに付着している。造り手としては、この菌をうまく使いこなしたいところだが、ボトリティス・シネレアによい仕事をさせるためには、湿度と日当たりがいくつかの条件を満たせるような、特別な気候が必要である。河川の近くであることも好条件の一つである。たとえば、ジロンド県を流れるシロン川は、何の変哲もない平凡な川であるが、朝もやが菌の繁殖に必要な湿度をもたらし、ソーテルヌの貴腐ワインを生み出している。天然糖分の濃度が高いということは、潜在アルコール*が高いことを意味している。酵母菌には、ブドウに含まれるすべての糖分をアルコールに変える力はないため、一部の糖分がアルコールに変化するだけで、大部分の糖分が残るのである。

ソーテルヌ地方は、ボトリティス・シネレアの繁殖に最も適した地域であるが、それ以外の土地でも繁殖する。ロワール川中流域（アンジェとトゥールに挟まれた地方）や、年によってはアルザス地方や、ジュランソン地方でも、ボトリティス・シネレアは繁殖することがある。もちろんフランスだけではなく、ワイン造りで名高い国々で、ボトリティス・シネレアによるすばらしい貴腐ワインが生産されている。

ボトリティスの作用を利用した赤ワインはきわめて稀であり、貴腐ワインと言えば、やはり白ワインである。

協同組合醸造所　CAVE COOPÉRATIVE

ワインを協同組合で醸造するシステムは、二十世紀初頭に誕生したが、普及しはじめたのは第二次世界大戦の終わり頃である。戦争によって、ブドウ栽培が危機に瀕し、生産者同士が協力し合って醸造する必要が生じたのである。

協同組合方式は、ブドウを栽培するあらゆる地域にとって大転換であり、無名の地域を救うこととなった。しかし、愛好家からは、ブドウ畑の区別をつけにくくなったと厳しく批判された。数年前から、消費者の協同組合醸造所に対する評価は著しく改善している。とくにブドウの品種と量の関係が不透明であると強く批判されていたが、現在ではそうした点は改善されており、競争力は回復している。協同組合醸造所にとって問題なのは、自由に取引できるネゴシアン*と異なり、組合員の収穫物ならば、出来の悪いものであっても受け取りを拒否することができないことである。協同組合としては、購入価格の交渉しかできない。こうしたやり方のために、長いあいだ、品質をあまり気にしない協同組合員が作ったブドウから無難なワインが醸造されるという状況が続いていたのである。協同組合醸造所は、作業スペースや設備、流通システムの共有化を目的に運営されている。協同組合に加盟しているブドウ農家は、必ずしも出来の悪いブドウ栽培者ではなく、やむをえず協同組合に加盟している農家のほうが多い。必要とされる設備を個人で所有することができないドメーヌは、協同組合に加盟するしか選択の余地がないのである。

ブドウ農家は、希望すれば誰でも協同組合に加入できる。理事長と理事は、加盟者のなかから選出される。協同組合醸造所では大量のワインを醸造することが可能で、そこで生産されたワインは共通ラベル*を貼って売り出される。しかし、優れた組合員の収穫物だけを別に醸造して瓶詰め*することもある。こうした特別なワインのラベルには別名が付けられ、協同組合の流通経路で、全量、もしくは一部が販売される。協同組合で売れなかった分については、組合員に戻され、組合員が個人的に販売することができる。こうしたシステム（理事会のバイタリティと権限）のおかげで、組合の優れたワインを独立したワイン醸造所のワインと同等の品質にまで育て上げることができたのである。現在、半分以上のワインが、こうした協同組合醸造所で生産されている。

ギリシア時代　ÉPOQUE GRECQUE

古代エジプトでは、ブドウ栽培が行なわれていた。イランでは、七〇〇〇年前の古いアンフォーラ（両側にとってのついた素焼きのつぼ）のなかにワインの痕跡が見つかっている。しかし、ギリシアほどブドウ栽培や発酵ブドウの商業化の発展に寄与した国はない。

野生のブドウを使ったワインの生産は、およそ七〇〇〇年前にエジプト、メソポタミア、トルコ、イランの高地で始まった。ブドウ栽培が始まったのは、紀元前六〇〇〇年頃のことである。エジプトでは、ワインは特権階級の人びとのための飲み物であり、庶民はビールを飲んでいたが、古代ギリシア人やエトルリア人が活躍する時代には誰もが楽しめる飲み物になっていった。

古代ギリシア人にとって、ワインはディオニュソスの創造物である。その伝統は、およそ紀元前四〇〇〇年にまで遡る。古代ギリシア人は、ブドウ栽培を知らない人びとに、偉大さのしるしとして、ワインの重要性を伝えたとされる。彼らは、自国で過剰に生産されたワインや油を、まだその存在を知らない国々に船で運び貿易を行なった。こうして、ワインや油が普及拡大していったのである。ワイン醸造技術は、ギリシアに多大な経済的恩恵をもたらした。太古の時代にあっても、ワインは非常に高価なものであったと推測されている。それは、ワイン醸造*の技術が確立されていた証拠でもある。ギリシアには、豊富な日照時間、やせた石灰質の土、火山土といったよいワインが生産される要素がすべて揃っていた。ギリシア人は、さまざまな苗木を植え、その性質や栽培方法を研究してきた。現在もなお、ギリシアには三〇〇種以上ものブドウ品種*が存在するが、それはこの時代の恩恵によるものであることは間違いない。

原産地呼称　APPELLATION D'ORIGINE

原産地呼称の制度を確立したのは、ローヌ川流域南部に住むピエール・ル・ロワ・ドゥ・ボワゾウマリエ男爵（一八九〇〜一九六七年）である。彼がこの規制を確立する契機となったのは、フィロキセラ*（ブドウ根油虫）という害虫による猛威であった。

ル・ロワ男爵は、一九三五年にワインおよびブランデーの国立原産地名称研究所（INAO）の前身となる組織を築いた。

ル・ロワ男爵は、第一次世界大戦中には戦闘機のパイロットを務めた、司法修習生であった。しかし、彼は名高いシャトー・デュ・パプのひとつであるシャトー・フォルシアの女当主に魅せられてしまう。そのために、弁護士業を捨て、ブドウ栽培に専念し、ワイン醸造*の保護と規制化に尽力した人物である。

この時代のブドウ栽培は、きわめて困難な状況にあり、シャトーヌフ・デュ・パプも例外ではなかった。当時は、自然環境を尊重した栽培方法などには無頓着で、生産過剰による値崩れが起こり、他の地方や外国産のブドウを使ってワインを製造するなど、あらゆる不正行為が横行していた。ル・ロワ男爵は、もちまえの軍人気質でこうした状況に敢然と立ち向かい、長い年月をかけて規制の策定にこぎつけることができたのである。ブドウ栽培が危機を迎えていた一九二三年、シャトーヌフ・デュ・パプの高名なブドウ栽培者一族らの依頼を受けて、ル・ロワ男爵はブドウ栽培の規制化に着手した。彼がこの依頼を引き受ける条件は唯ひとつ、まず依頼人自身が彼の策定した革新的な規制を遵守することであった。その結果、シャトーヌフの組合は、一九二四年の総会で以下の規制の方針を採択したのである。
・土質の違いと、ブドウ品種*によって、産出区域を限定すること。

・一覧表に記載された高品質のブドウ品種のみ用いること。
・栽培方法については規則に従うこと。
・最低アルコール度数を一二・五度とすること。
・ブドウの選別は、収穫時に行なうこと。

こうして、シャトーヌフの組合は、一一年後に統制呼称（一九三五年七月三十日法）となる規制を先駆的に導入したのである。当時のブドウ栽培者や消費者に衝撃を与えたこの規制は、まずコート・デュ・ローヌ地域に広まり、やがてフランス全土へと拡大していった。ル・ロワ男爵の功績は認められ、やがて世界中で適用されることとなった。

統制呼称の論理は、「産地」という単純な概念が、徐々に「原産地」から「テロワール*」に絞られていくもので、自然と人的な要因を重視する考え方であると要約することができる。したがって、人の手や栽培の仕方から生まれた各テロワールの独自性を製品に持たせることが求められる。

ラベル*に記されているAppellation d'origine contrôlée (AOC) の文字は、フランスの表記であるが、欧州各国や世界中の国々において、それぞれの品質を保証する名称が存在する。

酵母　LEVURE

酵母がなければワインは生まれない。酵母とは、ブドウの糖分をアルコール*に変える細菌のことである。現在、三〇〇種類以上の酵母菌が発見されているが、そのなかでワイン製造に用いられているのはわずか一〇種類程度である。酵母菌は、他の有機体と同様に生命を維持するためのエネルギーを必要とする。ブドウの天然糖分がそのエネルギーとなるのであるが、その際のエネルギー反応の残滓がアルコールである。酵母菌にしてみれば、アルコールは廃棄物でしかないので、アルコールを膜から外に排出するのである。また、酵母菌は、一五度以上のアルコールを造り出すことはできない。造り出したアルコールの度数が高すぎると、アルコールは酵母にとって有毒な物質となってしまうためである。酵母は、自分の勤めを終えると死んでしまう。

発酵の過程では、さまざまな種類の酵母菌が、それぞれの働きに応じて関わっている。まず、発酵を開始させる酵母菌がある。次に、別の種の酵母菌が引き継ぎ、それらが発酵の大部分の過程を担う。場合によっては、仕上げを担当する酵母菌が用いられることもある。仕上げを担当する酵母菌は、すでにアルコール化が進んだ恵まれない環境で、みずからの勤めを果たして死滅するのである。仕事を終えた酵母は、澱引きによってワインから分離される。澱引きとは、重力によって沈んだ酵母が再び浮遊しないように、ワインの上澄みの部分を他の樽に移し替えることである。しかし、酵母菌には抗酸化効果があるので、死んだ酵母菌を残したままにしておくワインもある（シャンパーニュ、ムスカデ）。

酵母菌は、ブドウの皮に自然な状態で付着しているが、（手術室のように滅菌されていなければ）樽庫にも存在している。最初は室温が一五度以上なければならないが、甘いブドウ果汁に触れさせるだけで酵母菌は目を覚ます。酵母菌は、活動を開始すると（タンク内で泡立った状態）、アルコールを排出するが、同時に、二酸化炭素と熱も発生させる。この状態になれば、もう暖める必要はなくなり、逆に螺旋管に冷却水を流して樽庫やタンク*を冷やさなければならない。

コーダリー　CAUDALIE

コーダリーとは、ワインを飲んだあとに口に残る余韻の強さを、秒数という時間の単位で表わしたものである（「テースティングの仕方」の項目を参照）。このコーダリーは、プロにとって非常に役に立つ指標だが、愛好家も知っておいたほうがよいだろう。

現代では、強い香りと、砂糖が含まれているのではないかと思われるほどの甘味を含んだワインが好まれる傾向にある。そうした傾向のために、バランス*のとれたワインや世界的に有名なワインならば、あるいは単なる地方ワインであっても、飲み終えたあとまでも喜び*が残るものでなければならないことがしばしば忘れられている。ワインが物理的に口に触れた瞬間に生まれる味わいは、ワインが口のなかから消えたときにも継続していなければならない。それを口中余韻と言う。

ワインは、コンクールで受賞するために造られるものではなく、単独で、または料理に合わせて消費される飲み物だということを忘れてはならない。ワインの香りがどんなにすばらしくても、香りだけでは役に立たない。香りが強く、複雑なワインであっても、口中余韻がはかなくすぐに消えてしまうようなものは、凡庸なワインになってしまうだろう。

ワインだけ（一部のビールとブランデーを除く）が、料理の味を引き立てるのに必要な「スキル」を備えている。そのため、ワインの構造が口中余韻のあいだに発揮されるようでなければならない。長くて強い鮮烈な余韻が残るワインは、料理と見事に調和し、記憶に残るワインとして忘れがたいものとなるだろう。

コルク(栓)　BOUCHON

代表的な自然素材であるコルクは、多くの長所を備えたすぐれた素材である。古くからワインを保存するために、コルク樫という特殊な樫の樹皮を栓として使用していた。

コルク樫の出現は、紀元前六〇〇〇年よりも昔に遡る。樹齢は五〇〇年以上で、高さ二五メートル以上に達するものもあるが、平均的な樹高は九〜一三メートルである。沿岸地方に多く生育する。最大の生産地はポルトガルで、ついでスペイン、北アフリカ(アルジェリア、モロッコ、チュニジア)となっている。

コルク樫の幹を覆っている殻を剥ぐには、九〜一五年間待たなければならない。小さな独立した穴が密集したその樹皮は、厚さ二〇センチメートルにも達することがある。コルク職人は、この樹皮の中心部から厚さ三センチメートルの薄板を作り、その薄板からコルク栓を打ち抜くのである。

コルクは、紀元前五世紀には、アンフォーラの口をふさぐのに用いられていたが、十七世紀になってガラス製の瓶が使われるようになるとコルク産業は飛躍的に発展した。コルクはワイン栓として必要な性質をすべて備えているので、なくてはならないものとなっていった。ワインを良好な状態で保存するには、変質しにくく、弾力性があり、圧縮性に富んだ栓でなければならない。そのうえ、コルクは多気孔なため、瓶詰めされたワイン*の通気に必要なガス交換ができるという利点を持つ。

一〇〇パーセント自然素材のコルク樫を食品に使用するには特別な処理が必要になる。コルク樫の栓は、衛生的に処理（洗浄段階）されてから、化粧（見た目を美しくする段階）が施される。その後、顧客の要望にあわせてシリコン処理などが行なわれる（顧客の希望で省かれる場合もある）。シリコン処理を行なわないと、コルク栓が瓶の首の内側に押し込められ、ぴったりとはまり込んでしまい栓を抜くことができなくなるので、この工程は必要不可欠である。

コルク樫は、確かにすばらしい特性を備えた素材だが、大きな欠点もある。天然素材であるがゆえに品質が不均一で、カビが発生することもある。そうした、すっかり変質したコルク栓で閉じられたボトルに当たると、本当にがっかりである。

このような現象は、原料そのものに由来するとは言いきれない。問題はもっと複雑な場合が多いからである。木の処理に使用される殺菌剤のなかには、劣化を引き起こし、それがもとでさまざまなコルク臭*の原因になるものがある。

コルク臭の問題は、世界中で生産されているワインのおよそ一〇パーセントに及ぶ。ワインの表面に混濁物質が白い膜となってうっすら認められる程度のものから、煮出したような香りがワイン全体についてしまったものまである（「コルク臭」の項目を参照）。バイヤーにとって心配の種であるコルク臭は、造り手にはさらに深刻な問題である。顧客が要求すれば、不良のワインを無料で交換しなければならなくなるからである。その額はおよそ六億ユーロにも及び、経済的にも大きな負担となっている。コルク栓を見れば、そのワインの質を案外簡単に見分けることができる。コルクの質は、コルク栓が樹皮の表皮を打ち抜いたものか、内側部分を使ったものかで異なる。コルクの長さは、ワインの保存期間と購入価格に比例している。造り手は、ワインの推定保存期間（「長期熟成型ワイン」の項目を参照）に応じてコルクの長さを選んでいる。短いコルク栓は一年から二年、標準的な長さのものでは二年から五年、最も長いものになると最低でも五年間は良好な状態で保存ができる。

近頃、スクリュー式のキャップでコルク臭のリスクを避けたいという造り手が世界中で増えている（伝統にこだわるフランスでは、こうしたスクリュー・キャップ*は必ずしも容認されているわけではない）。それ以外にも、新世代のガラス栓もある。しかし、これはまだ非常に珍しい部類に入れられる。他にも圧縮コルク栓というものがある。これは、コルクチップやコルクの粉を食用糊でつないだものだが、品質のばらつきを許す温床となっている。圧縮コルクは、早飲みタイプのワイン（三カ月以内）以外には使用しないほうがよい。カーヴ*に置かれている質の高いワインであれば、圧縮コルクで打栓されているものはない。

コルク樫の栓は、つねに液体に触れていることが必要で、コルク栓で封をされたワインは、必ず水平に保存しておかなければならない。瓶の頭の部分が少し上になるように傾けておくよりは、見た目は悪いが頭を下にしておくほうが望ましい。スクリュー・キャップ*のワインボトルであれば、このような配慮はまったく不要である。また、このルールには例外もある。たとえば、アルコールが添加された甘口ワイン*（ポートワインなど）のなかには、ある程度の時間であれば立てたままにしておくことができるものがある。なぜならアルコール度が高いため、ワインの変質が進みにくいからである。しかし、立てて保存できるのは、短期保存（二年間）の甘口ワインに限る。それ以外のワインは、すべて寝かしておくこと。

コルク臭　BOUCHONNÉ

コルク臭のするボトルに出会ってしまうのではないかという不安は、大きな悩みごとのひとつである。ワイン製造は、ブドウ樹*の剪定*から育成*まで、平均して一九〜三四カ月間を要する根気仕事だが、わずか四五ミリメートル未満のコルク栓*によって、一瞬にして台無しになってしまうことがある。コルク臭のするワインに出会ってしまった不運な人に、もっともらしい説明をすることができる人は意地が悪い。そのワインが有名なものであればあるほど、不当な仕打ちを受けた印象が強くなるものである。

しかし、この「コルク臭」を明確に説明することは意外と難しい。一般的に、カビ、こもった感じ、埃、湿ったダンボール紙の臭いや味に近いと言われている。

いち早くコルク栓の欠陥を見極めようとするには、ある種の習慣が必要になる。最も重要なルールは、ワインが劣化していないことを確認せずに、瓶を抜栓し、会食者全員のグラスに一気につぐことだけは絶対にしてはならないということである。とはいえ、劣化を見分けるのは容易なことではない。コルク臭は、実にたちが悪い。というのは、コルク臭には、抜栓直後には現われず、グラス*に注がれ空気に触れると強くなるという性質があるからである。

コルク臭を素早く識別するには、グラスを揺り動かさずしばらく待つことである。ほんのわずかでもワインが劣化していれば、期待した果実香や花香がはっきりと現われないであろう。これは、最初の注意信号である。逆に、ワインを注いですぐにグラスを振ると、通気によってワインのアロマを強め、劣化の始まりを(残念ながら一時的に)隠すことになってしまう。

抜栓直後に、たとえわずかでも劣化が認められたワインには何も期待してはならない。劣化したワインは、すでに修復不可能である。カラフ*に移し換えることも、グラスに注いだあといつもより長く置くことも、ただ欠点を強調することにしかならない。ワインショップ店主や造り手を罵倒しても意味がない。こうした事態を避けることができるとすれば、それはコルク職人がコルクをひとつひとつチェックすることだけである。しかし、実現することが難しいだろうということは容易に想像できる。そこで、新世代のテクニカル・コルク栓*が世界規模で試験的に使用されている。テクニカル・コルクは、「不良ゼロ」を保証して高い顧客満足を与えているようである。この新世代のコルク栓は、すでに実用化はされているものの、いまだ評価が完全に定まっているわけではない。品質レベルでは申しぶんがないが、短すぎたり、圧縮コルクの断片で作られていたりと、美的基準を満たしていないというのがその理由である。

コンクール受賞ワイン　VIN DE CONCOURS

世界中で生産されているワインのうち、なんらかのコンクールで受賞したものは少なくない。そうしたワインには、受賞したことを誇示するためにラベル*の近くに「コンクール受賞ワイン」という非公式な表現のメダル*が自慢げに貼られているものである。

ワインに関する法規はかなり複雑なので、ワインの味を保証するものとしてメダルを当てにしてはいけない。コンクールのメダルは、ある瞬間に必ずしもふさわしいとは呼べない条件下で競ったことの単なる証明でしかない。ワインを多少とも厳格な審査員の判断に委ねることは、ドメーヌの呼称や、ブランドイメージの一貫性にとってかなりのリスクである。受賞者は、勝者であることは確かだが、いったい誰を打ち負かしたというのだろうか。対戦相手は、同等のレベルのワインだったのだろうか。参加したワインが、すべて同じクラスのものであったとは限らない。コンクール受賞ワインには、二種類あり、両者を区別しなければならない。

まず、コンクールワインになるのが宿命のワインがある。きわめて温暖な気候*の特別なテロワール*の決まったように成熟度が行きすぎたブドウで生産されたもので、程度の多少はあれ、内側を焦がしたオーク*の新樽で育成*され、アルコール度の高さや木の香り*が強いという特徴を余すところなく発揮している。そうしたワインが、コンクールに参加しないことがあるのは、受賞を逃すことになってはたまらないからである。この種の受賞ワインは、赤ワイン*が多い。外観をよく観察すれば、そのワインのメッセージを理解することができるだろう。芸術的なラベル（しかもセンスがよいものが多い）、非常に重い（重すぎる）瓶、コルク栓*が長いという特徴を持っているはずである。しかし、このようなワインが料理を補ってくれるなどと期待してはならない。それらには、料理に合わせようなどという考えはない。料理に合わせることができない、自分のためだけに生きているワインだからである。この手のワインが、メダルを獲得するときには、他のワインを圧倒してコンクールを制する。そのため、受賞した割には、質がよくなかったとしても、値段と威光が高まりすぎて、一握りの人びとにしか手の届かないものになってしまう。

もうひとつの種類のコンクール受賞ワインは、先述の受賞ワインとは対照的である。安価で、控え目な感じがある。外観はあまりにも地味で、目に止まらないほどで（ラベルは時代遅れの感じがする）、瓶は軽く、コルク栓も短い。ワイン自体の骨格では、他のワインのなかに埋没してしまうタイプのワインである。一般的に飲みやすいワインで、多かれ少なかれ収穫年*によって完成度に差がある。オーク樽で熟成*させたものもあるが、オーク樽を用いたことが長所に結びついていないことがある。このようなワインの美点は、意欲である。滅多に無茶をしない長距離走者の如く、レベルの高い闘いに勝利した証であるこのメダルを手に入れようとコンクールの試練に耐えて、価値を認めてもらおうと努める。

どちらの分類に属しているにしても、この二種類の挑戦者たちには、将来的な不安はない。コンクールに参加したワインを尊重する多くの愛好家から丁重に扱われているからである。

混酒　ASSEMBLAGE

混酒とは、異なるブドウ品種*からできたワインや、同じ区画や他の区画でできたワインを同じタンク*で混ぜ合わせることである。異なる呼称のものや、生産地域が異なるもの、さらには外国産のワインが混ぜ合わされることもある。ほとんどすべてのシャンパン*は、収穫年*の異なるワインを混ぜ合わせて造られているが、この製法で造られた味のよい赤ワイン*も世界中にあることを忘れてはならない。混酒は、法律で認められている製造法であり、法律を回避する抜け道や不正行為ではない。品種の異なるブドウを混酒することは、世界中で行なわれている。世界に名だたるワインのなかにも、混酒は含まれている。ボルドーのワインは、優良なブドウ品種やテロワール*同士の混酒の原型である。

混酒は、赤ワインに限った製造法ではなく、白ワイン*でも広く行なわれている。たとえば、ボルドー地方や、フランス南部のほとんどの地域、ローヌ川流域で製造される白ワインなどは、複数のブドウ品種を混ぜ合わせて造られたものである。

地方によっては、必ず実施されているというわけではないが、とても有名なワインを、洗練された、軽いものにするために、白ワインと赤ワインの混酒が法律で認められている。このような手法は、おもに、コート・ロティ、エルミタージュ、シャトーヌフ・デュ・パプなどローヌ渓谷（北部と南部）のワインに認められている。

シャンパーニュを筆頭に世界中の有名な発泡性ワイン*の大部分は、ロゼの色調*を出すために黒ブドウと白ブドウの果汁を混ぜ合わせている。

異なるブドウ品種を混酒できない、あるいはあえて混酒を行なわない産地も稀ではあるが存在する。そうした産地は、アルザスや、ドイツ、オーストリアなど、欧州の北部に多く見られる。南半球では、おもにニュージーランドが有名である。

ブルゴーニュ地方は、白ワインにはシャルドネ、赤ワインにはピノ・ノワールしか使用せず、他のブドウ品種との混酒を絶対に認めないという世界的に見ても珍しいワインの産地である。

混酒の最大のメリットは、ある品種のブドウが天候不順に見舞われたとき、そのブドウを他品種のブドウと混ぜ合わせることで、弱点を補いワインに豊かさを与えられることである。混酒は、ワインの収穫年ごとの品質のばらつきを安定させている。しかし、こうした安定性と引き換えに、年々ワインが均質化していくという危険をはらんでいる。

コンフィ　CONFIT

魂も誇りもない、ワインの流行に押し流されるがままの世界中のドメーヌや造り手たちには、仰天させられる。世界的需要を口実に、そして多くは浅知恵から、フルーツ・リキュールをワインとして流通させているのである。事態は深刻であるが、冷めた見方をすれば、手軽に飲める口当たりのよいワインを好む若い世代の愛好家のために、熟れすぎたブドウを使い、天然のポテンシャルをごまかすことに手を染めてしまった生産地方がパニック状態に陥っているだけのことである。

熟しすぎたブドウを使ってワインを造れば、酸味*や繊細な苦味*、品種による味の違い、ミネラル感*など、経験の浅い愛好家から歓迎されないテロワール*本来の要素のほとんどを消すことができる。こうしたワインを造る生産者は、愛好家の欲求を先回りするあまり、ワインがどんなものであるかを伝えることを完全に放棄してしまっている。自然の産物であるワインを選択したという時点で、ワインの愛好家は自然からのさまざまなメッセージに対して敏感なはずである。そして、自然の原理や複雑さをありのまま受け止めて、多少の口当たりの悪さも含めた自然の表現力の多様性を味わおうとするものである。

赤ブドウを過熟させると、糖度（すなわちアルコール度）が上昇し、酸度が低下し、特定の香りが強められることが知られている。熟れすぎたブドウで造られたワインは、心地よい口当たりを持ち、ワインというより霊薬に近い。そうしたワインを口のなかに入れると砂糖漬けの果物の香りがするが、ご丁寧なことに、新しい木樽の風味までつけられている。アルコール度を高くすることで、残った糖分の重みを包み隠そうとしているが、そこには無理がある。

愛好家は、このようなワインを表現するために「コンフィ風味」という言葉をよく使うが、それは、甘さに包まれた、つかの間で子供っぽい喜び*にすぎないことに注意しなければならない。

酸化　OXYDATION

フランスでは、いまだに古いワインがよいワインと思われていることが多い。残念ながら、必ずしもその考えは正しくはない。愛好家は若いワインを好むようになっているが、ある種の酸化による変化を嫌ってのことなのかもしれない。

ワインの酸化は、空気中の酸素がワインに触れることによって、タンニン*や色素などの、ワインを構成している物質に働きかけ、ワインが変化する自然現象である。しかし、ブドウ品種、ワイン醸造技術者*の技術、テロワール*の質など多くの要素によって、酸化の仕方はまちまちである。

酸化のプロセスは、つねにネガティヴで、取り返しのつかない変化であるかと言えば、そうとは限らない。酸素にほどよく触れることによって、ワインの熟成*を促し、香りが良くなることがある。しかし、ワインの構造やタンニンの量によって決定される、そのワインの限界を越えて酸素に触れさせると、酸化による悪い影響が出てしまう。ワインの酸化は、瓶詰め*された直後から止まることなく進行しつづけ、それを制御することはできない。酸化を止める唯一の方法は、よいタイミング（できれば熟成頂点）*で、抜栓し中身を飲んでしまうことである。

酸化を確認することは難しいが、いくつかの徴候はある。まだ栓をされたボトルならば、まずその色を観察する。白ワインであれば、濃い黄色から金色に変色し、輝きが失われる。さらに、光沢が減り、銀色がかった色合いが無くなる。赤ワイン*の場合は、醸造方法とブドウ品種によって程度は異なるが、褐色や栗色に混濁する。しかし、酸化を確かめようとするならば、鼻のほうが役に立つ。酸化したワインの香りは、フルーティ*な印象に乏しく、精彩さを欠いたものになる。さらに酸化が進むと、ドライフルーツや痛んだ果実（クルミ）に近い匂いになる。ここまで酸化が進むと、もう手の施しようがない。

酸味　ACIDITÉ

ブドウに含まれる天然有機酸のさわやかな味わいを酸味という。

酸味がワインの味わいに与える影響力は大きい。ワインにコクや清涼感を与え、香りを引き立たせ、うまく熟成*させているのは、この酸味である。また、ほどよい酸味は、ワインに深みのある輝きを与え、生きいきとした光沢をもたらす。

しかし、酸味が強すぎると、ワインも強くなりすぎてしまい、かえって「痩せた」ワインになってしまう。そこで、酸味が過剰にならないよう、ワイン醸造*の過程でマロラクティック発酵*という方法で除酸が行なわれることもある。

ワインの酸味不足もまた、ブドウ栽培者にとっては悩みの種である。これは、太陽*に恵まれた地方に多い。日照時間の長い地方では昼夜の温度差が小さいために、ワインの酸味が不足がちになり、補酸を行なわなければならないことがある。補酸によって与えられた酸味が口蓋に与える感覚は、天然の酸味とは異なる。印象としては、補酸の酸味のほうが硬い。ブドウ本来の酸味と補酸による酸味がうまく調和するためには、いくらかの時間が必要である。補酸で使用が認められている酸は、酒石酸（アシッド・タルチュリック）である。したがって、一般に「酒石酸添加（タルトリカージュ）」と呼ばれている。同じブドウに対して補酸と補糖*を行なうことは厳しく禁止されている。補酸が気温の高い地方のブドウの弱点を補うための手技であるのに対して、補糖は日照不足に対する手技であり、補酸と補糖はまったく両立しないものである。

収穫年*によっては、酸味に欠けたワインになってしまうことがある。そういう年のワインにもかかわらず酸味がしっかりしたワインを見かけると、プロの鑑定人は補酸を疑うものである。しかし、近年の傾向では、顧客の味覚がこの補酸に対して寛容になり、酸味が調和していればうるさく言われなくなってきている。

色調　ROBE

ワインの外観、つまり色調を表現するために、「ローブ」（ドレスの意味もある）という優美なことばが用いられている。ワインに接するとき、我々が最初に見るのが、この色調である。ワインの色調は、きわめて多くの情報を与えてくれるばかりか、このさき訪れる喜び*と、ある程度関係しているので決しておろそかにすることはできない。

色調には、ワインに関するいくつかの基本的なメッセージが含まれている。色調を観察することで、そののち得られる感触を先取りすることができる。少しばかり注意深くワインの色を観察すれば、そのワインのスタイルを知ることができる。このワインの色調に微妙な差異がつけられるのは、醸造の段階においてである。したがって、色調から醸造具合を解読することもできる。非常に濃縮されたワインは、深い色合いを持つ。一方、さっとろ過しただけの軽いワイン（高品質なものとみなされることが多い）の色調は、透明度が低く、やや濁りがある。そうした色調のワインは、おそらく素材を活かした香味に富んだ味わいであろうと予想できる。

色調を観察することで、ある程度の熟成年数を判断することも可能である。赤紫色がかったワインは、非常に若いワインである。反対に、暗赤色でレンガ色をしたワインは、熟成*が進んだワインである。濃い金色をした白ワイン*は、樽*で育成*されたことを示していることもあるが、ワインが酸化*していたり、コルク*の劣化による影響を受けていることのほうが多い。緑色や銀色がかった光沢のある明るい薄黄色を呈していれば、若いワインである。強い光沢を放つ色調のものは、しっかりとした酸味を持ちあわせている。赤褐色の光沢を放つ、まるでリキュールのような琥珀色のワインは、幼年期を過ぎて熟成頂点*に近づいているワインである。

色調を観察して多くの重要な情報を得たら、次は嗅覚段階に移る。ここでワンポイント・アドバイス。

コルク栓*も忘れずに見ておくこと。色調は、ワインに関する情報の第一段階ではあるが、乾燥しすぎて縮んだコルク栓や、ワインに浸って湿りすぎたコルク栓を見落としては意味がない。

室温にする　CHAMBRER

「室温にする（シャンブレ）」は、現代ではあまり用いられなくなったことばである。各部屋を一定温度に保つセントラル・ヒーティングがなく、薪暖房を使用していた時代に、地下のカーヴ*から取り出したワインを比較的暖かくしてある寝室（シャンブル）に置いていたことから「室温にする（シャンブレ）」と言われるようになった。

ワインを室温にするとは、適度に暖かくした部屋に瓶を立てた状態にして置き、飲用に適した温度（最高一六度～一八度）にすることである。

ワインには、最も香りが高まり、口のなかでバランスよく感じる温度というものがある。たとえば、四度以下の冷えすぎた白ワイン*や、二二度以上の赤ワイン*をサーブすることは避けなければならない。ワインは冷やしすぎると、香りが弱くなり、渋みが増す。逆に温度が高すぎると、清涼感を欠いた重すぎる感覚を与え、アルコール感が強くなる。

時間をかけずにワインの温度調整をしたい場合には、数十分（平均して二〇分）前に、ワインに合ったカラフ*に入れておくとよい。

「ワインの供し方」は、個人の見識を表わすので注意すること。

渋味　ASTRINGENCE

渋味は、若いワインを表現する言葉であり、現代では欠点とされることが多い。渋味の原因はタンニン*で、時間とともに弱まり、消滅する。タンニン*は、舌や歯茎を乾燥させる作用があり、粘膜に引きつるような刺激を与える。したがって、渋味は、本来のことばの意味からすれば、味覚ではなく、一種の触覚である。

現代の愛好家は、まろやかで、豊かな構成を持つ現代的なワインの味を好む傾向があるので、カベルネやタナなど特定の品種のタンニンがもたらす渋味は、不快と感じられることが多い。

タンニンを多く含むブドウの渋味と、収穫時期が早すぎたために生じた渋味は区別しなければならない。ワインの酸味*は熟成の過程で失われることはないが、完熟したブドウから造られたワインに残る渋味は、原則的に時間とともに失われる感覚である。豊かで複雑なワインは、その熟成*の過程で渋味をほとんど失っていくものである。ボルドーや、イタリアのトスカーナのサンジョベーゼなど、一部の長期熟成型ワイン*にとって、この渋味はワインのよい変化に欠かせないものとされている。

ただし、渋味と苦味*は、まったく別なものなので混同しないこと。

シャトー　CHÂTEAU

「シャトー」は、もともと城を表わすことばであるが、城石をひとつももたないブドウ園であっても合法的に「シャトー」を名乗ることができる。シャトー・ワインを呼称にしたい場合には、そのワインの原料となるブドウが、すべて同じ栽培者のブドウ樹*で収穫されたものであることと、ワイン醸造*もその所有地で行なわれているという二つの条件を満たしていなければならない。

シャトー・ワインは、実際に存在するシャトーの資格を得たブドウ農園で造られたワインにのみ、その名前を付けることが許されている。また、シャトー農園はAOC（原産地統制呼称）*の管理下に置かれているものに限られる。シャトーを名乗るためには、まず、ブドウ農園は自立していなければならない。つまり、ブドウ畑とワイン製造に適した建物を持ち、ワイン製造に必要な設備を備えていることが必要である。しかし、立派な建物を所有していなければ、シャトー・ワインを名乗れないというわけではない。

実際、ボルドーの大部分のシャトーは、伝統的な普通の家屋しか持っていない。シャトーの名称は、フランスに限られたものではなく、北半球のワイン生産国であればどこにでもシャトーは存在する。

一方、南半球のワイン生産国では、あまりシャトーということばは使用されない。

一部の消費者からは、シャトーがブランドのような意味合いを持ち、安心して飲める目印であると見なされていることがある。しかし、シャトーの基準だけを頼りに、ワインを選択するのは理に適った行為ではない。「シャトー」のラベル*をひけらかすワインが、シャトーのラベルを持たないワインよりも優れているという保証はどこにもない。

収穫解禁　BAN DES VENDANGES

フランスでは、ワイン用ブドウの収穫には県知事の認可が必要で、いつでも好きなときに収穫を開始できるわけではない。正式な収穫の開始日は「収穫解禁日」と名付けられ、庶民に対する権力を示すために、領主に収穫の開始日を決定する裁量権が認められていたことがその起源である。当然のことながら、ブドウを栽培するすべての地方で同時にブドウが成熟*することはなく、収穫年*の状況に応じて、各県知事がその地方の収穫解禁を調整することになる。県知事は、毎年、県の行政命令（アレテ）でその年の公式な収穫解禁日を発表する。

収穫解禁日を監視する目的は、未成熟ブドウを摘んで原産地呼称*のイメージ全体を台無しにしてしまうことがないようにして、その地方全体の品質を守ることにある。収穫解禁の日程が、自然に左右されることはよくあることである。開花からおよそ一〇〇日後に収穫が行なわれるが、土壇場でトラブルが発生すれば、予定どおりにはいかなくなる。同一呼称であっても、地区やブドウ品種（早摘み・遅摘み）、ブドウ樹の樹齢に応じて収穫日にばらつきがある。

収穫解禁日は、収穫に適した最低限の成熟度合いに達したことを示しているだけであり、ブドウの栽培家は、この解禁日を皮切りに収穫時期を自由に選ぶことが可能である。したがって、求められるブドウの成熟度に合わせて、収穫日を調整することになる。とくに赤ワイン*に多く見られることであるが、堅実なドメーヌでは、収穫の一部を失う（ひょうによる被害、動物や鳥に食べられる）覚悟で、ブドウが完全に成熟するのを辛抱強く待つことがある。

収穫年　MILLÉSIME

収穫年とは、ブドウを収穫した年を意味する。つまり、ワインの誕生日である。収穫年のラベル*への記載は任意であるが、収穫年によってワインはランク付けされるので、大多数の造り手がラベルやコルク栓*に収穫年を記入している。

もちろん、愛好家が収穫年を読み取るために必要な知識を備えているとは限らない。したがって、造り手やワインショップ店主から直接、情報を得ようとするほうが賢明であろう。

よい収穫年のワインは、ワインの品質（バランスと保存のポテンシャル）が高いことを示している。そのために、名高いドメーヌのものであれば、優れた収穫年のワインが投機商品として取引されることもある。よい収穫年のものであると評判が広まれば、値段は確実に上がる。しかし、それだけの価値があるかを充分に説明することはできない。すばらしい収穫年は偉大なワインを生み出したが、それらは、しばしば非常に高い値段で取引されている。たとえ偉大な収穫年がより多くの喜びをもたらすワインを送り出したとしても、それがどの愛好家の欲求も満たすとは限らない。ワインの特徴は、収穫年ごと異なるので、結局は自分の好みの収穫年を支持することになる。

熟成　VIEILLISSEMENT

この言葉には、ワインがよい意味で変化するという肯定的な側面と、老化という否定的な側面があるので、混同して用いることのないようにしよう。

熟成*の主たる現象は、ワインの成分が酸化反応することである。この反応は、大きく分けて、成長期、熟成頂点*、老化期の三段階から成る。

最初の段階は、若いワインが熟成頂点を迎えるまでに、少しずつよい面を獲得していく過程である。これはよい変化である。この段階では、ワインの味は開花しておらず、まだ充分な状態に達していない。ワインが瓶詰め*されてすぐには、瓶詰め病*が起きることがあるが、それ以外にも、冬の終わりや夏の暑い時期など、年間を通じて何度か瓶詰め病と同じような状態に陥る時期がある。

遅いものも早いものもあるが、やがてワインは熟成期を迎え、その実力を存分に発揮できる瞬間が訪れる。待ちに待った、熟成頂点である。骨格が弱いワインでは、予告もなく飲み頃が訪れることがある。そのようなワインは、充分にそのポテンシャルを堪能するのに、数カ月の猶予しかない。

熟成頂点を過ぎれば、途端に衰えは始まる。これは、否定的な変化、つまり老化の段階である。老化の段階に入ってしまったら、その瞬間にワインの最良の飲み頃が終わりを告げたことを意味するので用心しなければならない。

困ったことに、ワインのラベル*には消費期限の記載がない。稀に、造り手が推奨する消費年月日や、飲み頃を知らせるサインについて書かれているのみである。辛口*の白ワイン*は、老化段階に入ると褐色がかった黄金色になり、光沢を失ってしまう。甘口ワイン*は、変化の仕方が若干異なる。老化の速度がゆっくりで、酒脚*（ワインの涙）の流れ方はほぼ変わらず、少しだけ遅くなるだけである。色調*

から新鮮さが失われても、こうしたワインは残留糖度が高いので、それなりに長く楽しむことができる。赤ワインが老化すると、赤みを失い、赤褐色、さらには栗色の色調を呈するようになる。老化の前兆をとらえるには、ワインの色から判断するしかない。抜栓して、すでに手遅れだったということはよくあることである。

そうした事態に陥らないための唯一の方法は、ワインを定期的に飲むことである。

熟成頂点　APOGÉE

ワイン愛好家の一番の関心は、「手元にあるワインがいつ飲み頃を迎えるのか」であろう。完璧主義な人びとは、「やや早すぎた」、「少し遅すぎた」と言っては決して満足することはない。理性的な人間であれば、ワインが最高になる瞬間に味わえることなど滅多にないということを心得ているものである。

瓶のうしろに張ってあるバックラベル*に飲み頃予想が表示されていれば問題はないが、残念ながら、役に立たない説明や疑わしい話があふれているだけのことが多い。

では、いつワインは飲み頃になるのであろう。当たり前だが、飲んだ人がそこに喜び*を見出せるときが、そのワインの飲み頃である。よくあることだが、ワインが若すぎた場合、瓶や適したカラフに入れて通気すれば、そのワインの魅力を増すことができる。もっと簡単な方法としては、大き目のグラス*に注いでから数分間待ち、冷えすぎたワインを出さないように気をつけることである。

ひとつ確かなことは、ワインは古すぎるものを飲むくらいなら若すぎるもののほうがよいということである。そのワインにおける熟成頂点で饗することができれば一番よいのは確かだが、その瞬間はまた最も捉えがたい瞬間でもある。我々は、その熟成頂点の正確な日付も、どれくらい継続するかも知ることができない。熟成頂点は、すぐに終わってしまうことも、長続きすることもある。一般的に、ストラクチュア（骨格とワインの構成全般）が弱いワインのほうが、熟成頂点の期間が短い傾向にある。熟成頂点の持続期間は、三年から五年が一般的だが、例外的にそれ以上続くものもある。白、赤、発泡性にかかわらず、ワインが熟成頂点に達する瞬間は、保存条件に大きく影響される。ワインを最適な熟成条件のもとで保存すれば、最高の熟成頂点を迎えさせることができる。一方、飛行機や船で消費先まで運ばれるワインは、取り返しのつかない変質を被ることがある。輸送によって受けるダメージの大きさは、ワインのストラクチュアに応じて異なる。産地から遠く離れた国に住む経験豊かな愛好家は、同じワインであってもドメーヌでの味を我が家で味わうことなど決してできないことを知っている。

白ワイン　VIN BLANC

白ワインは、伝統的に白ブドウから造られるが、黒ブドウで白ワインを造ることもできる。ワイン造りに用いられるブドウは、半透明の果汁でなければならないが、それ以上の規定はないからである。ワイン用ブドウは、良好な状態のものでなければならず、かびているものは使うことができない。ブドウに傷がつけば確実に酸化*の原因になるので、手摘みのほうがよい。ブドウは、すぐに丸ごと圧搾して果汁を取り出し、ブドウ畑の大きさに合った大きさのセメント・タンクやステンレス・タンクで発酵させる。あるいは、直接樽*のなかに入れて発酵させることもある。その後、果汁に天然酵母か選別酵母を加えて発酵を進める。地方によっては、一六度程度の低温を保ちながら、ブドウを圧搾機（エアー式）のなかで（数時間、四時間から最長一二時間まで）マセラシオン（醸し）する。不活性ガスのもとで予備発酵的な短い醸しが行なわれることもある。いくつかのブドウ品種では、この予備発酵的な短い醸しによって、みずみずしい香りが得られ、酸味*を少し減らすことができるので、好んで実践される。しかし、この作業を行なうためには、前もって、強い苦味*をもたらす果梗と呼ばれる部分を取り除いておかなければならない。

アルコール発酵*が終了すると――アルコール度一度につき平均で一七グラムの糖分が必要である――、ワインを樽に移すか、そのままタンク*のなかで育成*を開始する。造り手が必要と判断したら、そこでマロラクティック発酵*が施される。一二カ月から一八カ月後に、ろ過した（ろ過をしないものもある）ワインを瓶詰め*する。

新酒　PRIMEUR

一九七〇年代の終わり頃、当時、自分たちの個性を打ち出すことができないでいたボージョレ地方の造り手たちが、新酒であることをうまく宣伝して、華々しく販売する方法を思いついた。その後、この方法は、フランス国内からイタリアにまで拡大していった。

新酒ということばには、いわゆる、「はしりのワイン」と、「先物取引」の二つの意味があるので、この両者は区別されなければならない。

一九五一年まで、各ドメーヌにおけるワインの販売は、軍隊用ワインの供給を計画的に行なうため、綿密なスケジュールのもとに管理されていた。

一九五一年九月八日付けの官報で交付された政令では、AOC*ワインは、収穫した年の十二月十五日まで販売してはならないことが明記された（当時から、すでに収穫から新酒ワインの販売開始までの期間は短かった）。しかし、ボージョレやムスカデ、ガイヤックなどの銘柄は、比較的速やかに仕上がる品種のブドウで生産されていることから、こうしたワインについては販売開始日の前倒しが申請された。その結果、他のものよりも数週間早い十一月中旬頃に販売することが許可されたのである。その後、一五年余り、販売解禁日が正確に定められることはなかったが、一九八五年に、十一月の第三木曜日が、この種のワインの解禁日と決められた。

こうしたやり方は世界中で成功を収めたので、新酒ワインをどの国でも同日に消費できるよう、遠方の目的地まであらかじめ輸送しておかなければならなくなった（「瓶詰め病」の項目を参照）。

新酒の販売には、まったく別の意味合いがある。これは、一九七〇年代中頃にボルドー地方を中心に始まったやり方で、ワインが完全に熟成*して瓶詰め*される前に、シャトー*で収穫の一部分を販売することである。これには、発酵を終えたばかりの若いワインを樽*から抜き取り試飲をして、その後どのように変化するかというポテンシャルを評価する技術が求められるので、ワイン造りを熟知したプロだけが対象とされる。購入するワインを決めた買い手は、前払い金を支払い、しばらく樽で熟成させ、瓶詰めしてから、商品を納入してもらう（寝かせる期間はおおよそ一八カ月から二四カ月）。この購入方法は、ドメーヌと買い手の双方に利点がある。ドメーヌにとっては、資金繰りが楽になり、買い手は割引が得られる。一級の格付けワインであれば、この割引の恩恵は大きい。

一般の人が新酒を購入しようとするなら、インターネットの専門のサイトを利用することになる。しかし、試飲はできないので、販売者を全面的に信用するしかない。あえて言えば、試飲に参加したプロのアドバイスが参考になるので確認するとよい。

ブルゴーニュやローヌ渓谷など、ボルドー以外の地方でも、こうした方法が徐々に関心を集めている。

神話的 MYTHIQUE

世界中にその名を知られているが、一部の人しか手にすることができないワインを、神話的なワインと呼ぶ。田舎の人びとの営みが最高のかたちで結実したものは、贅沢の世界ではこのように扱われる。ワイン好きのなかには、中味がよいからとワインを買い求める人もいれば、象徴的な価値に引かれて手に入れる人もいる。最高級のワインは、コレクションの対象である。

醸造所の支配人は、自分たちが生産した最高のワインの一部が決して飲まれないことを思い知らされて大変残念がっていることであろう。世界で十指に入るほどのワインは、もはや神のごとき存在であり、崇拝の対象となっている。

神話的ワインは、十五世紀からすでに特別とみなされていたブドウ畑のブドウから生産される。たとえば、ブルゴーニュの最上位格付けロマネ・コンティや、ボルドーのペトリュス、シャトー・ディケム（四世紀にわたる歴史を有する）が有名である。また、わずか七・九九ヘクタールの畑に一八人の所有者がいるブルゴーニュのAOCモンラッシェといった統制呼称区域で生産されるワインも神話的なワインのひとつである。

神話的ワインは、赤ワイン*とは限らない。神話的な白ワイン*も多くあり、辛口*のものやリキュールのように甘いものもある。

神話的ワインの大部分は、北半球のフランス、イタリア、スペイン、ドイツ、ハンガリーなど欧州で造られたものであるが、アメリカ、オーストラリア、南アフリカといったワイン造りの歴史の浅い国にもわずかながら、非常に人気の高いワインがある。このようなワインは、供給量が少ないので価格もきわめて高い。世界中の需要に応えるほどの生産量にはるかに及ばないために、自然と投機的な商品になってしまうのである。

神話的ワインを試飲する幸運に恵まれた人は、平静さを保つことが必要である。数の少ない貴重なワインが、力のみなぎるワインを意味するものではないことをよく心得ておかなければならない。神話的ワインがもたらす感覚のすべてを（ほとんど）丸ごと楽しもうとすれば、贅沢とは何かという問いについて深い理解を持っていなければならない。神話的ワインとは、安易さやはかなさの対極に位置し、みずからのなかに長い歴史を反映させている。カラフ*の効果でせきたてようとしても無駄である。

神話的ワインは、あわただしさのなかでは、決してその力を発揮することはない。

神話的ワインは、永遠に神話であり続ける。神話的ワインには、それに値する価値がある。

スクリュー・キャップ　CAPSULE

スクリュー・キャップはフランスではまだ敬遠されているが、トレンドであり、今では完全天然コルク栓*の代替品となっている。

スクリュー・キャップが最初に使われたのは、一九七〇年代である。スイスのヴァレザンヌで栽培されるシャスラという品種のブドウが、コルクに触れるだけで敏感に変質してしまうため、それを避けるために開発されたのが始まりである。その後、南半球のニュージーランドやオーストラリアでも使用されるようになった。現在、ニュージーランドとオーストラリアのワインに占めるスクリュー・キャップの割合は、それぞれ九〇パーセントと五〇パーセントにも及ぶ。フランスでは、このタイプの栓の使用にはまだためらいがあり、一般に早飲みタイプのワインか、中期保存用のワインにしか使用されていない。しかし、世界中の瓶詰め*ワインの二〇パーセントが、スクリュー・キャップ方式を採用している。

スクリュー・キャップでは、コルクが原因の問題は発生しないため、コルク臭*にますます敏感になっている現代の造り手や消費者にとっては、実に有効な打栓の仕方である。また、スクリュー・キャップのワインは立てたまま保管しておけるので、簡単にボトルを見分けることができることも、ワインショップの人びとに歓迎されている理由である。ワインの愛好家やソムリエ*にとっては、コルク・スクリューを使う必要がないことが大きな利点である。抜栓が容易なうえに、飲み残したワインボトルに再び栓をすることまでできるのだから、世界的に流行することは約束されたようなものであろう。言うまでもなく、世界中のグラン・クリュ（特級ワイン）の顧客の大部分がスクリュー・キャップを快く思っていないことは確かである。早飲みタイプ（五年未満）ワインに使用が限られていても、スクリュー・キャップが原因で酸化*の逆の還元現象（密閉によって酸素不足のワインに起きる現象）が起こることがある。参考までに、コルクに代わってスクリュー・キャップ（合成コルク栓）を用いることになれば、推定二三〇万ヘクタールのコルク樫の森林を放置し、それに携わる人びとの仕事を奪うことにもつながるという点が、スクリュー・キャップに反対する人びとの主張に付け加えられていることも書き添えておこう。

成熟 MATURITÉ

ブドウを収穫するのに最も適しているのは、ブドウが完全に熟したときである。しかし、最適と言える成熟期間は短い。この期間が過ぎると、すぐに過熟段階に入ってしまう。愛好家がワインの熟成頂点*の始まりを見逃さないように気をつけているのと同様に、ブドウの栽培者は、ブドウの生育過程の終期ではつねに監視の目を光らせている。完熟の期間は、数日間、場合によっては数時間しか続かないからである。この期間を過ぎると、アンバランスになってしまい、酸味*は甘みの成分に負けて、甘さだけが強調されたブドウになってしまう。そのようなブドウから造られたワインは、既得アルコール分の高い、色の濃い（赤ブドウの場合）、柔らかく丸みをおびたワインになる。現代の愛好家の嗜好に適ったワインを造るために、造り手の多くが熟しすぎたブドウを収穫する傾向にある。現代の消費者は時間にゆとりがなく、ワインの複雑さに目を向けることや、ワインが飲み頃を迎えるまでゆっくりと待つことを望まないのである（「はかない」の項目を参照）。

過熟なブドウから造られたワインが好まれないことは稀である。しかし、時間が経つと、適度に熟したブドウから造られたワインとはまったく比較にならなくなる。理想的な成熟状態で収穫されたブドウから造ったワインは、バランス*が良く、熟成*のポテンシャルが高いものとなる。

清澄　COLLAGE

清澄とは、発酵前のマスト（ブドウ液）やワインに添加物を加えることによって、透明度を上げ、諸成分を安定させ、味わいを良くする操作である。清澄には、吸着作用のある添加物が用いられる。一般的には、プロテイン、ゼラチン、カゼイン、アイシングラス、ベントナイト（粘土の一種）を用いることが多いが、卵白を泡立てたもの（ケーキ屋が卵黄を回収する）をタンク*や樽*に入れ、澱*を沈殿させる方法もある。

清澄の操作によって、ワインは濁りがなくなり、透明度が上がる。あとは樽を交換するときに沈殿物を取り出すだけでよい。この操作を澱引きという。銘醸ワインに使われることは滅多にないが、遠心分離器を使う方法もある。これは、脱水によって澱の粒子を分離する乱暴なやり方である。また、細かいフィルターによってろ過を行なうことで、澱を取り除く方法もある。卵白を使用した清澄には人手がかかるので、こうした人手を持たないワイン生産者が、それなりによいワインを造ることができる有効な方法である。

白ワインの澱*は、温度の低下により結晶化した酒石酸が、樽底に沈殿したものである。

繊細な DÉLICAT

ワインは「繊細」であれば、高級であるというものではないが、繊細さに欠けるワインは、やはり具合が悪い。繊細なワインは、よいテロワール*やブドウから生まれるが、同時に人の知恵と技術の賜物でもある。感性を備えた職人が手がけたワインは、おのずと繊細な味になる。繊細さは軽さと結びつくことが多いが、すばらしいワインの場合、繊細さと同時に、力強さとコクをあわせ持っているものである。

一般的に温暖な気候*は、緻密な味のワインを生み出すのに適している。逆に、高温すぎる環境で育ったブドウから造られたワインは、自然とアルコール*に富んだものになり、その結果重いワインになりがちである。

繊細さは、白ワイン*や発泡性ワイン*でも確認できるが、存分に堪能できるのは赤ワイン*である。

また、主張しないのが繊細さである。一部のワイン醸造技術者*が、口のなかに余韻を残さないワインを好む新しい顧客にあわせて造ったワインを、繊細なワインとして売り出している。このことが、本来の控えめな繊細さを備えたワインのイメージを間接的に損なっていると思われる。「神話的」の項目も参照のこと。

剪定　TAILLE

ワイン用のブドウ栽培の長いサイクルにおいて、人が最初にする仕事が、剪定である。ブドウは、つる性の植物で、放置しておくと伸びつづける性質がある。そうなると、ワインが造れるような、充分に熟して濃縮したブドウの収穫は望めなくなる。ブドウ樹が、枝を広げて成長する速度は非常に速い。結実するよりも速く枝が成長するため、上質な果実を実らせるためには、剪定が必要になる。

一般的に、剪定は木の休止期にあたる冬に実施される。もっと正確に言えば、冬の終わりである。剪定の目的は、前年の枝を落として、来シーズンに実を付けることが期待できそうな若枝に養分が行くようにすることである。新梢は、一本一本、栽培者によって手作業で注意深く選り分けられる。ブドウ樹の本数は、地方によるが一ヘクタールあたり一三〇〇株から一万一〇〇〇株にも及ぶ。剪定は、非常に重要な作業である。それぞれの株の剪定履歴を知りつくしているオーナーや栽培責任者だけが、剪定を行なっているドメーヌもある。

剪定は、二月から三月にかけて行なわれるが、立ち上る煙のために剪定が行なわれているブドウ畑は一目でわかる。作業者が暖を取るために、剪定時に刈り取った枝を一輪車のなかに入れて燃やしながら進むのである。切り取った木の枝を粉砕する栽培地方もある。

剪定の仕方次第でブドウの収穫量と品質が決まる。栽培者は剪定で、その株の運命を決定づける重要な判断を下すのである。芽を少しだけ残してそれ以外の枝を落とすと、収穫量は減るが、きわめて濃厚で豊かな味のブドウができる可能性が生まれる。ブドウの品質よりも収穫量を重視したければ、枝を多く残しておけばよい。高品質なブドウをぎりぎりの量だけ収穫するために、短梢剪定を選択した場合、開花期や収穫直前にひょうに見舞われると、収穫量がゼロになってしまうというリスクがある。

長梢剪定では、熟す前のブドウを落とすことができる。これは、いわば二度目の剪定である。この作業は、間引きと呼ばれるプロセスで、生産量を調整するために行なわれる。

深刻な気候的トラブルに見舞われた場合は別として、プロのワイン鑑定人ならば、その年のワインを試飲するだけで、どれだけ厳しい剪定が行なわれたかがわかってしまう。ブドウ栽培者にとって、剪定はその年のワインの出来を左右する重大な決断である。

ソムリエ　SOMMELIER

「ソムリエ」ということばの意味は、時代とともに大きく変化した。

その昔、ソムリエは領主の生活必需品を運ぶ物資調達係か、単なる荷役用の家畜を追う人であった。

こんにちでは、ソムリエの職権の範囲はかなり限定されているが、大都市にある世界的に有名なレストランと、家庭的な雰囲気の田舎風ホテル・レストランの兼務ソムリエでは、仕事の内容はかなり異なる。

ソムリエがレストランに登場しはじめたのは、フランス革命以降のことである。当時、ワインは樽に入れられたまま納入されていた。ソムリエは、レストランのカーヴ*でみずから瓶詰め*を行なわなければならず、その責任は重大であった。

国によってその価値はさまざまだが、数々のコンクールが設置され、マスコミで取り上げられたおかげで、ソムリエという職業は注目を集めるようになってきた。これは、二十世紀の終わりになってからのことである。ワインを生産しないのに、単位面積あたりのソムリエ人口が高いという国がある。こうした実態が、ソムリエの職業的なイメージを変質させている面もある。

ソムリエという職人は、どんなときにもソムリエであり続ける。祝日やバカンスでも、この職業は追いかけてくる。ソムリエは、貪欲な好奇心や自然に対する本物の感性を備えていなければならない。日常的に記憶を働かせておくことは、みずからの仕事を実践するためには不可欠である。ソムリエがソムリエとして認められるためには、経済や地質学、ブドウ栽培研究、料理文化に関する知識を、つねに深めようとする日々の努力が求められる。

ソムリエの仕事の中心は、客の希望にそったワインをアドバイスすることであるが、いつもレストランに閉じこもっているわけではない。ブドウ栽培地に出向いては、いろいろなテロワール*に滞在し、ワインのテースティング*をすることもある。ワインの予約や購入の際には、経営的な責任者にもなる。

ソムリエがワイン選びに熱くなりすぎると、店の料理にそぐわないワインを購入してしまうなど、レストランに経済的負担をかけてしまうことにもなりかねない。

レストラン・ガイドの項目を埋めるために、多くのレストランでソムリエのポストが設けられた。しかし、ワインに対して多少とも興味を持つシェフやウエーターをソムリエに昇格させるなど、急造のソムリエが多かった。そのため、専門家として客の満足度を上げる点でも、費用対効果の面でも、ソムリエは期待されたほどの成果を上げることはできなかった。

ソムリエとして約一五年間、集中的に従事した優れた者をマスター・ソムリエやシェフ・ソムリエに昇進させることが望ましい。また、ソムリエとワイン醸造技術者*を混同してはならない。

太陽　SOLEIL

太陽は、水*と同様にブドウ樹の栽培周期において重要な役割を果たしている。ブドウ樹は、言わば「砂糖製造工場」であり、この工場を動かしているのが、水と太陽である。しかし、その水分量と日射量も多ければよいというものではない。造り手の最終目的であるワインを、バランス*のよいものにするためには、水分と日射は適量でなければならない。ブドウ栽培者は、バランスのとれたワイン造りに最適なブドウを生産する役割を担っている。

ブドウ樹に影響を及ぼす要素は多いが、人の手ではほとんど制御できないものも多くある。とくに日照時間は、植物の生育サイクルのどの段階においても決定的な条件となる。太陽は、エネルギーを「エンジン役」（植物の葉）に与えるという間接的な形で働きかけ、その結果、ブドウは光合成によって実をつけることができる。ブドウの房が形を成しても、太陽はブドウが収穫されるまで作用しつづける。とくに、ブドウの房への直接的な日光の照射が、ブドウの品質に大きな影響を与える。ブドウの房をなるべく日光にさらすか、あるいは葉で日除けをするかは、個別の事情によって選択される。

収穫量が低ければ低いほどワインの質が高いとよく言われるが、これは間違った理解である。繰り返すようだが、最も大事なことは、完璧にバランスのとれたブドウを育てることである。ブドウのバランスは、植物の生育サイクルの調和から生じるものであり、果実が多すぎても少なすぎてもブドウの品質は落ちてしまう。また、日当たりのよいブドウ畑がよい畑であると思われがちであるが、これも誤りである。なぜなら、日当たりの良すぎる畑のブドウは、酸度を維持することが難しいからである。そのような畑の場合には、ワインにある程度のみずみずしさを持たせるために、ブドウの成熟*が頂点に達する前に摘み取るとよい。出来のよくない果実のバランス*を回復させるために、さまざまな技術が用いられるが、結局のところ、完璧な成熟*（フェノールの成熟と呼ばれる）の不足を補うことはできない。過熟もよくない。あくまでも成熟である。公平でバランスのとれた日照だけが、ブドウを最高の成熟へと導く役割を担うことができるのである。

偉大な収穫年*となった年は、非常に暑い期間と、ブドウ樹が息を吹き返すための涼しい期間が交互に訪れているものである。ブドウを健康にし、完熟をもたらすのは、太陽の恵みである。生育サイクルの締めくくりと収穫前には、太陽が是非とも必要である。

樽　TONNEAU

樽（トノー）は、バリックともフュとも呼ばれる。ブルゴーニュやシャンパーニュでは、ピエスと呼ばれている。樽の容量は、地方によって若干異なり、シャンパーニュのピエスは二〇五リットル、ボルドーのフュは二二五リットル、ブルゴーニュのピエスは二二八リットルとなっている。樽は、保存用の道具であると同時に、ワインが部分的、あるいは完全に搬送可能な状態になれば、そのまま運べる搬送具にもなる。

こんにちでは、樽は、おもに液体、とくにアルコール*（ワインや蒸留酒）を入れるために用いられる。しかし、樽の使用法はそれだけではない。ガリア人の発明品である樽は、水、ビール、シードルなどのあらゆる種類の液体を保存するために用いられると同時に、穀物や塩漬けの食品などの固形の商品を入れるためにも使用されていた。

樽を製造するのに最も使用されるのが、オーク*である。国によっては、アカシアなどオーク以外の種類の木が使われることもある。アカシア製の樽は、ビオワイン*用としてとくに人気がある。また、イタリアでは、桜の木で樽が作られる。ヴォージュ山脈とリムーザン地方には、すばらしいオークがある。最も人気なのが、（時間をかけて実にゆっくりと成長した）きめが極端に細かいオークや無柄のオークである。

樽製作の技術は、時代とともに洗練されてきたが、樽そのものはほとんど変化していない。優れた樽職人*は、材料を見分ける鋭い目を持っていなければならない。彼らは、樹齢が一五〇年から二〇〇年の高齢のオークを好んで使いたがる。樽職人は、国営のONF（フランス国立森林公社）と直接、連携している。ONFの起源は古く、その原型は河川・森林指導官を創設した国王フィリップ・ル・ベルの時代に遡る。市場に出回っているオーク材の半分は、ONFによって管理されたもので、残りの半分が個人所有の森林から選別されたものである。

樽は最終的なワインの風味に影響を与えるが、それは四つの条件によって決定される。オーク材の役割は、ワインの味を変えることではなく、ワインがもともと持っている順応する力に応じて、ワインの味に木の風味を添えることである。樽がよい影響を与えられるのは、複雑さを備えた、コクのあるワインだけである。

四つの条件とは、すでに述べた木の質と、樽板の乾燥時間（良質の樽を作るには三〇カ月以上かけて乾燥させたものでなければならない）、樽板を曲げ加工する段階でオーク材を火で焼く時間、ワインが木と接触している期間である。

二二五リットルと二二八リットルの樽は、ワインの育成容器として使用されるが、それよりもはるかに大きい樽（一キロリットル用のトンと呼ばれる大樽、一〇キロリットルから一二キロリットル用のフードルと呼ばれる大樽）もある。樽は、簡単に運べるが、実際に転がせるようになるには、相当の経験が必要である。柔らかい木のたがの上に鉄のたがが被せられていて、樽を回せるようになっている。樽板の厚みは、運搬の条件に応じて変えることができる。空の樽の重量は、およそ五〇キログラムである。ドメーヌは、樽を購入するために巨額の投資をしなければならない。世界の著名なドメーヌでは、毎年、樽を新しいものに取り替えている。毎年、すべての樽を新しいものに交換するドメーヌもあれば、三分の一ずつを新樽に入れ替えるドメーヌもある。酒樽の単価は、約六〇〇ユーロ（税抜）である。シーズンごとに二〇〇から三〇〇、さらには五〇〇もの新樽を使用するドメーヌの支払額が、驚くほど高額になるであろうことは想像にかたくはない。

優れた樽職人は、ワインの隠れた味を引き立たせ、熟成*の過程でより複雑さを引き出すことが樽の使命であることをつねに肝に銘じている。普通のワインを上質ワインのように見せようとして木の香り*をつけようとする傾向があるが、まったく馬鹿げたことである。

樽職人 TONNELIER

樽職人の起源は、ガリア人の時代に遡る。樽職人は、樽大工と呼ばれていたが、十八世紀に樽職人ということばが登場した。

樽*で熟成したワインの風味に影響を及ぼすのは、木（一般的にはオーク*）の素材だけだと考えられがちであるが、樽職人の技量による違いを無視することはできない。五つの異なる地方からひとりずつ樽職人を選び、同じ種類の木（同じ地方の同じオーク）で樽を作ってもらうとする。その樽でワインを育成*してみると、五つとも味わいが異なることがわかるだろう。

樽職人は、ワインの総合的な風味において、過小評価できない役割を担っている。十九世紀末から二十世紀の中頃にかけて、樽職人は、心ならずも造り手の代理を務めることもできた。当時は、熱意に欠ける生産者が少なくなかったので、ワインの欠点を補うために、樽を利用していたのであった。

樽の製造について言えば、今のところ機械化は成功していない。樽職人は、強い火の熱で樽板を曲げ加工し、そのうえに鉄の輪をけめるだけで樽を組み立てる。水漏れは決して許されない。まさに匠の技である。

樽職人は、不況知らずの職業である。世界中から注文を受けて、年間五〇万個以上もの樽が作られる。腕のよい樽職人は、著名なブドウ栽培者や造り手のあいだで引く手あまたである。樽職人の仕事は、新品の樽をこしらえるだけではない。古い樽の手入れや修復した樽を中古品として転売するのも樽職人の仕事である。樽の分解、保守、木製の大型タンクの修繕もまた彼らの職務である。新品の樽が不要な場合や、新品の樽を購入するだけの資金がない場合、多くのドメーヌで、樽職人が手直しをした中古の樽を仕入れている。中古品を使用することで、安い費用で良質の育成が可能になる。

あまり知られていないが、真面目な樽職人は、利き酒上手なことが多い。樽職人は、顧客のところに出向き、ワインのテースティングをする。そうすることで、自分が作った樽がブドウ品種に及ぼす影響を把握し、顧客のワイン醸造のスタイルを見分けることができる。樽職人は、その経験をもとに、焼付けの時間を調整するなどして、ブドウ品種*やワインのスタイルに合った樽を製造するのである。

単一品種　MONO-CÉPAGE

世界中の造り手の大多数は、複数のブドウ品種を使い、それらをブレンドしてワインを造っているが、現在、単一品種のブドウから造られるワインは増加傾向にある。

単一品種には二種類あり、それぞれを区別する必要がある。一つは、特定の地方で昔から用いられてきた唯一の品種を守りつづけている場合である。この場合、ワインに加工するための方法も決まっており、しばしば伝統的な規制によって統制されている。もう一つは、はっきりとした風味を持たせて、他のワインと容易に区別できるようなものを造るために、造り手があえて一つの品種を用いる場合である。

単一品種が原産地呼称*の枠で規制されている場合は、その品種が、その土地の気候的、地理的な条件に適合していることを示している。ブルゴーニュは、単一品種のテロワール*の究極的な例である。ブルゴーニュでは、白ワイン用と赤ワイン用に、それぞれひとつの品種のみが用いられており、他の品種の使用は認められていない。したがって、気候*に恵まれなかったからといって、その年のワインの弱みを他の品種で補うことができない。逆に、作柄のよい収穫年*のワインの出来は、たいていいつも並外れてよいものになる。

単一品種のみを使用する地方は、ブルゴーニュだけではない。ロワール地方の大部分、アルザス地方、ドイツやオーストリアのおもなブドウ栽培地方では、昔から単一品種によるワイン造りを実践している。南半球や北アメリカの新世界ワインの生産国では、有名なドメーヌの最高級ワインは、単一品種で造られていることが多い。

世界中の新しい顧客は、とっつきやすくわかりやすいワインを求めている。そうした顧客の要望に応えるため、それまで複数品種*を用いてワインを造っていた生産者のいくつかは、単一品種を用いたやり方へとまったく製造法を変えてしまった。彼らは、過熟な状態になってから採取した単一品種のブドウを用いることで、力強く、旺盛で、香りの豊かさからすぐに識別できるようなワインを生産することとなった。単一品種のブドウから造られたワインは、可能な限りわかりやすいメッセージを顧客に伝えるために、ラベル*から余分なものが除去されていった。この種のワインのラベルには、もはや品種名、生産地方名、地区名といった要点しか記載されていない。マーケティングの論理から言えば、その種のワインにそれ以上の情報は不要である。

単一品種で造られたワインは、複数品種のものと比較して、優れても劣ってもいない。単にワインの構造が異なっている。

タンク　CUVE

樽*を使わずにワインを生産することはできても、タンクはそうはいかない。タンクは、ワイン醸造*の過程で必要不可欠なものだが、異なる区画から採れたブドウを混酒*するためにも、なくてはならないものである。また、醸造後のワインの熟成*や保存にも用いられている。タンクは、白ワイン、*赤ワイン、*甘口ワイン、*発泡性ワイン*などあらゆるタイプのワインに利用される。ブドウ栽培醸造者であれば、その規模の大きさや資金の豊富さにかかわらず、どこでもタンクを備えている。

タンクは、その用途に応じていろいろなサイズがある。ワイン醸造用であれば、平均的な容量は三キロリットルから一〇キロリットルであるが、保存や混酒に使用されるものはそれよりもはるかに大きい（数百キロリットル）。

タンクは長い歴史のなかで進化してきたが、その進化はつねにワインのスタイルや味に深い影響を与えつづけてきたと言えるだろう。まず、五〇〇〇年近くにわたり、土を焼いて作った桶がワインの発酵に用いられたのが、そのはじまりである。例外的だが、ポルトガルの「ラガール」のように、石を削ったタンクが使用されることもあった。その後、木材加工の技術に秀でたガリア人が熟成用の樽のような木樽を発明し、それから十四世紀のあいだ、発酵には木樽が利用されていた。十九世紀初頭になって、補糖*の技術を発明したシャプタルが、耐久性のある便利な新素材としてセメントを推奨したため、セメント製のタンクが徐々に用いられるようになった。一九八〇年中頃になると、セメント製タンクは次第に見られなくなり、鉄製タンクの時代へと移行していった。その鉄製タンクも、究極の素材、ステンレスにその座を譲り渡すことになる。

このように長きにわたり、唯一の素材として使いこなされてきた木製タンクが、ほとんど使われなくなった理由は、維持が難しく、衛生管理がきわめて難しいからである。清掃するには揚蓋からタンクのなかにもぐり込んで作業をしなければならず、職人たちがそれを嫌がるようになったこともひとつの理由である。木製タンクは、ワインにたぐい稀なる風味を伝えることができるという長所を持つが、熱伝導率が非常に悪く、気密性にも欠けるという弱点を持っている。

木製タンクに取って代わったセメント製タンクは、熱伝導率に優れ、気密性も完璧であったが、ワインの酸度に敏感で維持費がかさむという欠点があった。鉄製タンクの登場で、造り手の手間はやや改善されたが、酸度の問題は魔法の素材であるステンレスが開発されるまで未解決のままであった。ワイン醸造にとって、ステンレス製タンクの登場はまさに革命であった。ステンレスは、耐久性と気密性に優れ、維持管理がしやすく、何より熱伝導性が高い。ステンレス製タンクのおかげで、ドメーヌにおける作業負担は大幅に減少した。

最近になって、セメント製や木製のタンクのよさが見直されはじめた。ワイン醸造*の良し悪しを決定する温度調節機能を備えていれば問題はないとして、セメント製や木製のタンクを復帰させる造り手も現われてきた。このようなタンクは特殊な形状をしている。木製タンクは円錐台型で、セメント製タンクは卵型やピラミッド型をしている。

タンニン　TANINS

タンニンの歴史は古く、はるか古代から知られていた。タンニンの名前の由来は、オーク*の樹皮から抽出して、なめし（タヌリー）に用いられていたことから来ている。

タンニン（あるいはポリフェノール）は、樹皮、根、葉など植物のあらゆる部位に存在する有機物質である。茶葉に含まれるタンニンは、ワインのタンニンと非常によく似た特徴を持っている。ブドウのなかでは、種子や果皮に多くのタンニンが含まれている。

ワインには、木樽に由来するタンニンと、ブドウに由来する天然のタンニンの二種類が含まれている。ワインを試飲する際には、両者を見分けるように努めなければならない。天然のタンニンと樽*由来のタンニンは、必ずしもうまく調和するとは限らない。骨格の弱いワインなら、不快な乾いた苦みになってしまうこともある。

こんにちでは、樽を使わずにタンク*に直接オークチップ*を入れることで、タンニンの構成を改善することができるようになった。しかし、そうした方法でもたらされたタンニンが、樽から数カ月をかけてゆっくりともたらされたタンニンの味よりも、ワインに馴染みがたいことは容易に想像できるだろう。ワインの成分にうまくタンニンが溶け込んでいる場合、このタンニンは二つの重要な役割を担っている。ワインの骨格を強化して維持する役割と、長期熟成型ワイン*にとって最も必要な酸化*を防ぐ役割である。

舌に乾いたざらつきを与えるワインは、タンニン過多と表現される。これは、煎じすぎたお茶を飲んだときの感覚に似ている。

ワインが熟成*するにつれて、タンニンの味は薄れていくものである。しかし、強く主張しすぎるタンニンは、いつまでもワインの構成のなかで融合することはない。

地球生物学　GÉOBIOLOGIE

地球生物学は、ブドウ樹に対する鍼治療のようなものである。

地球生物学とは、生物による環境への影響と、宇宙や地球の中心から発せられる放射線が環境に与える影響を、ひとまとまりとして調査する学問である。また、エネルギーの流れを重視し、その影響についても調査を行なう。たとえば、電気が生物に与える影響や、自然界において調和を乱しているもの（高圧線用の鉄塔、地下水路、断層、くぼみなど）が、生物に悪影響を及ぼす程度についても調査が行なわれる。

最近では、こうした地球生物学や、古くからあるダウジングの影響を受けて、ブドウ畑に関するエネルギー調査が重要視されるようになり、「地球生物学者」の力を借りて収穫物の品質を自然なかたちで改善しようとする大手の造り手が増えてきた。こうした造り手は、ワインはブドウから生まれるものであって、たとえそれが最新式のものであったとしても醗酵室で生まれるのではないとする考えを支持している。地球生物学者は、依頼された土地において、植物が周囲と調和を保ちながら発達するのを阻害する要因について探索を行なう。それから、ブドウ畑における「つぼ」を刺激し、その土地の環境を調整するのである。

長期熟成型ワイン　VIN DE GARDE

偉大なテロワール*がなければ、偉大な長期熟成型ワインは決して生まれない。

長期熟成型ワインを定義する明確なきまりはない。しかし、愛好家でも、試飲したときに、保存に適したワインの前兆を見分けることはできる。そのような前兆を正しく読み取ることができれば、飲み頃を誤って、若すぎたり、熟成しすぎたワインを飲むような事態を避けることができるだろう。

まず、長期熟成型ワインであるためには、ワインの諸成分が完全なバランス*を保っていなければならない。アルコール*、残留糖分、酸味*、苦味*のなかのどれかひとつでも、突出していては完全なバランスを保つことはできない。例外的にすばらしい収穫年*の長期熟成型ワインならば、いつ抜栓しても最高の快楽を与えてくれるということもある。しかし、本来、偉大な長期熟成型ワインは、長期間熟成させることで、徐々に本領を発揮するものであり、味は途切れることなく、ゆっくりと段階を経て変化する。長期熟成型ワインを試飲したときの印象は、やや肉付きや香りの芳ばしさに欠け、ストレートだが、口のなかに複雑さが残るものが多い。口中余韻が長くはっきりと残るかどうかで、ワインのポテンシャルを計ることができる。ポテンシャルが高ければ、そのぶん、酸化*に対する耐性は高くなる。

長期熟成型ワインを箱買いしたら、いつ変化が起こるかもしれないので、ワインの状態にはつねに気を配らなければならない。熟成頂点*を逃さないように、最初の一〇年間は一八カ月ごと、その後は年に一度の割合で飲んでみることをお勧めする。

長期熟成型ワインを飲む場合に、遅すぎるよりは早すぎるほうが望ましいが（「熟成」の項目を参照）、バランスが取れて、その持てるポテンシャルが存分に発揮されるのは、やはり熟成頂点においてである。すべての構成要素が、経年耐性を備えているのに、それを早めに飲んでしまうのはあまりにも惜しい。

テースティングの仕方　DÉGUSTER (APPRENDRE À)

この項目は、テースティングにおいて、読者にプロのコツを伝授することと、周囲から影響されることなく、自分自身の評価基準を持つことができるようになってもらえるよう選んだ。そのために、他の項目よりも詳細な説明になっている。

醸造所やワイン見本市*でワインをテースティングするとき、必然的に、状況や場所、明るさ、温度、香りなどに影響される。テースティングをする時間帯も、注意力に影響を与える要因のひとつである。しかし、最も大きな影響を与えるのは、人である。造り手が目の前にいれば、なおさらである。購入を決める前に、そこが自宅の雰囲気とまったく異なること、そしてそれが選んだボトルの味わいに影響を与えているに違いないことを考えてもらいたい。

まず、ワインのテースティングを良好な条件のもとで実施するために必要な基本的なルールがいくつかある。あまりに細かいことにこだわって、喜び*を台なしにすることはない。

テースティングの方法は、大きく三段階に分けられるが、順序に従って実施してもらいたい。各段階ともに多くの情報が得られるので、順次進めていく。三段階とは、視覚、嗅覚、味覚の検査である。ここにもうひとつ段階を追加する。それは、すっかり忘れ去られてしまっているが、非常に重要で、しかもほんの四五秒*間の注意力しか必要とされない味覚の持続性の検査である。

三段階の詳細に入る前に、注意してもらいたいことが二点ある。ワインを注がれたばかりのグラスを一番目と二番目の検査をする前に機械的に揺り動かしてワインに通気をしてはならない。視覚と嗅覚の検査を正しく済ませれば、その段階ですでにワインは口に含まれているので、残された味覚評価は事実上不要になる。

1　視覚検査

視覚検査では以下の点について観察する。

・透明度

ワインの澄み具合は、グラスを光（できればろうそくの炎）に近づけて側面から観察する。濁りがある場合（とくに赤ワイン）、醸造所のワインショップ店主や造り手にその原因を訊ねてみるのがよい。ろ過されていないことが原因ならば、心配はいらない。しかし、ろ過されているのに濁りがあるワインは、本来の風味を隠すために何かが混入されていることを示している。透明度についてコメントするときには、「水晶のように透明な」、「不透明な」、「澄んだ」、「くもった」、「ぼやけた」などのことばが用いられる。

・輝き

ワインの光を反射する力を意味する。輝きがあるかどうかは、白ワイン*の品質を見極めるためにとくに重要なポイントになる。輝きの度合いで酸味*を判断することができる。輝きを表現する形容詞には、「くすんだ」、「まばゆい」、「輝きのある」、「きれいな」などがある。

・色

色調*の濃淡と色合いを見る。どちらも光源をバックにしてグラスを傾けて観察する。色調の濃淡は、色素の豊富さを表わし（とくに赤ワインの場合）、原料となったブドウ品種*の特性や、マセラシオンの長さによって決まる。色調の濃淡を観察するためには、グラスにある程度たっぷりとワインを注いでおく必要がある。また、複数のワインを比較試飲する場合には、ワインの量を一定にする。色の濃淡の評価には、「淡い」、「明るい」、「清澄な*」、「強い」、「深い」、「濃厚な」などの表現が用いられる。一方、色合いについては難しいことばを使う必要はない。白ワインの場合には、「無色に近い黄色」、「緑色の光沢がある、緑色の光沢がない」（若いワインの特徴である）、「琥珀色」、「藁黄色」、「黄金色」、「銅色がかった金色」、「ブロンズがかった金色」という表現が用いられる。ロゼワイン*の色合いを表現するには、「ほんのりとピンクがかったごく薄い色」、「金色がかったピンク」、「サーモンピンク」などのことばが用いられる。赤ワインを表現する用語としては、「紫がかった」（若すぎるワイン）、「褐色の」（古すぎるワイン）、「ラズベリー色をした」、「さくらんぼ色の」、「ルビー色の」、「緋色の」、「ガーネット色の」、「煉瓦《れんが》色の」などがある。

・厚み（粘性）

この項目については、まだ議論の余地がある。赤ワインでは粘性に関する情報が比較的少ないので、辛口*か口当たりのよい甘口の白ワインを観察するときに有効である。愛好家は、アルコール度と糖分の高さを判断することができる涙や酒脚*と呼ばれるグラスの内側に残る透明な筋を好んで観察する。グラスに筋が残らなければ、それは軽いワインである。

2　嗅覚検査

嗅覚検査では、ブドウ本来の香りである第一アロマと、醸造や発酵の過程で生まれる第二アロマと呼ばれる香りについて観察する。また、アロマとは別に、長期熟成中に成分の変化によって生じる「ブーケ」と呼ばれる香りも嗅ぎ分けなければならない。とくに、コルク臭*や、熟成*から生まれる香りについては、それぞれしっかり区別できなければならない。

この嗅覚検査を正しく行なうためには、ある種の決めごとがある。まず、試飲用のグラスは、脚が細いタイプものを用いる。そして、手をしっかり洗って匂いを完全に落としておかなければならない。香水やたばこの匂いは厳禁である。グラスに三分の一の量のワインを注ぐ。そのとき、すぐにグラスのなかのワインを動かしてはならない。それは、香りが引き立ちすぎるのを避けるためと、「コルク臭」*がある場合に、できる限りすぐにそれを嗅ぎ分けるためである。まず、グラスを回さないでワインの香りをかぐ。このときの香りが「第一アロマ」と呼ばれるものである。次に、（ワインを空気と触れさせすぎると、一部の香りが強くなりすぎてしまうので）小さな円を描くようにグラスを回転させて、すぐに香りをかぐ。このときの香りは「第二アロマ」と呼ばれる。

・第一アロマ

ブドウ自体から出る香りのこと。ブドウの品種によって、香りの強さや複雑さに違いがある。ミュスカ種やゲヴェルツトラミネール種などの品種は、きわめて香りが強く、簡単にそれとわかるが、その他の品種ではわかりにくい。

・第二アロマ

発酵*によって生じるワインの香りのこと。この段階では、ブドウそのものが表現力を発揮することはないが、酵母菌が天然糖分をアルコール*に変える過程で特別な香りが生み出される。さらに発酵段階で生じるアルコール以外のさまざまな物質も、果実本来の香りを補い、香りを華やかにすることに役立っている。第二アロマには、発酵系（パンの身、ブリオッシュなどと表現される）、乳酸系（バター、ハシバミなど）、アミル系（バナナ、キャンディーなど）などがある。

・ブーケ

樽*（タンク）熟成や瓶詰め*後の熟成の過程で、本来の果実香は徐々に薄れ、ワインの香りがより複雑になっていく。そうした熟成の過程で生じる香りをブーケと呼ぶ。ワインが無機質（ステンレス製、セメント製）のタンクで熟成されたか、木樽で熟成されたかによってブーケは異なったものになる。

・ワインの欠陥臭

ここでは、細心の注意を払わなければならない。欠陥臭は、ワインの香りを嗅いでから数秒後、数分後になって発せられることがある。愛好家は、ラベル*に書かれているワインの内容に気をとられるあまり、コルク栓*のワインならばどんなワインでも、トリクロロアニゾール臭（コルク臭）に汚染されている可能性があることをつい忘れがちである。会食者にワインをサーブしたあとで、このコルク臭*に気付くということはよくある。こうした場合、ワインがすでに充分に空気に触れており、この欠陥がより強調されてしまうことになる。「コルク臭」は、さまざまな原因で発生した欠陥臭をひとまとめにした表現である（「コルク臭」の項目を参照）。欠陥臭は、カビ、腐った木、こもった感じ、埃の臭いや味として判別される。

3　味覚検査

味覚検査は、三つのステップに分けて行なう。さらに、忘れられがちな第四のステップを追加しておく。

・第一ステップ——アタック

アタックとは、最初の接触、第一印象のことである。味をよく感じ取るには、ワインを口のなかに長く入れておいてはならない。味覚細胞は即座に味を感じ取るので、一、二秒で判定する。アタックは、「とらえどころのない」、「強い」、「率直な」、「明瞭な」、「豊かな」などの語彙で表現される。

・第二ステップ——マウス・フィーリング（口中感覚）

ここでは、特別なテクニックは必要ない。各自が自分のやり方で行なえばよい。一般的なルールとしては、口のなかでワインを空気に触れさせることである。これで、ワインの「広がり」を評価することができる。このステップにかける時間は一〇秒までとして（長いと味覚が麻痺してしまう）、ワインの風味や粘性、炭酸ガス濃度、酸味*、渋味*、タンニン*の質と量、アルコール感、熟成*の質などを判別する。

・第三ステップ——フィニッシュ（終わり味）

テースティングしたワインを飲み込んだり、外に出したあと、ワインが口のなかから消えたあとの様子を確認する重要なステップである。口のなかでの印象が強すぎたり、余韻を残さずにすぐに消えてしまったり、すぐに水っぽくなったり、だらけた終わり方をすれば、そのワインはバランス*に欠けていると判断される。長い余韻を残しながら、バランスがとれた終わり方をすれば、それは優れたワインであると言える。

・第四ステップ――四五秒間*

テースティングしたワインを飲み込んだり、外に出したりしたら、すぐにコメントを書きはじめたいと思うのは人情である。その結果、このステップは忘れられてしまうことが多い。しかし、ワインを評価する前に三〇秒から四五秒間待つことで、あわてて判断したことを悔やむことや、あとになって自分が下した評価を取り消さなければならないといった事態を回避することができる。ワインが口のなかから完全に消えたあと、わずかな時間を置くことで、残留糖分の有無（舌がねばねばしたり、重い感じがしないか）、アルコール感が強すぎないか（口が焼けるような感じがしないか）、タンニンが新しい木の影響を受けているかなどを確認することができるのである。逆に風味がなく口当たりがごくスムースであれば、それは若いワインである。「コルク臭*」が最も見分けられるのもこの瞬間である。コルク臭のあるワインは、口のなかが渇いた感じになり、埃のような味が残る。

デメテール（ビオディナミ）　DEMETER (BIODYNAMIE)

特殊な有機農法で造られたことを証明する。デメテールは、もちろん有機農業*やナチュール・エ・プログレ*の認証と直接的な関連はあるのだが、異なるのは、スピリチュアルな手法を取り入れる点である。ビオディナミ農法と呼ばれる、この特殊な手法を用いる栽培家のことを、やや「妄想的である」

と中傷する人びともいる。

デメテールのラベル*は、それがビオディナミ農法によって作られた生産物（野菜やブドウなど）であることを証明するものである。ビオディナミ農法を行なうには、自然に対する深い知識が必要である。これは、太陽*や地球の位置関係が土壌や作物に与える影響を重視し、動物界全体における人間という視点から実践される農法である。デメテールをラベルに記載することが許されるためには、造り手はきわめて厳格な規約を遵守しなければならない。

デメテールには、Vin issu de raisins Demeter（デメテール農法で栽培されたブドウから造ったワイン）とVin Demeter（デメテール・ワイン）の二種類の認証レベルがある。前者の場合、ビオディナミ農法の規約を遵守する区画で栽培されたブドウを原料とすることは保証されているが、醸造においては、ビオディナミの規定を満たしていないことを示している。後者の認証を得ようとすれば、ブドウからブドウ液へ、そしてワインの製造というきわめて長期間に渡る醸造過程において、徹底的にビオディナミの厳格な基準を実践しつづけなければならない。後者の認定が得られたということは、たとえば、清澄*にはビオディナミ農法で作られた卵の卵白が用いられるなど、ごく少量の添加物しか用いられていないことが保証されている。

デメテールには、あまりにも多くの制約があるため、それを実践する生産者は、まだほんの一握りである。

テロワール　TERROIRS

良質なテロワールなくして、バランス*の取れたワインの生産は望めない。人智と人手は、テロワールの欠陥を部分的に穴埋めすることしかできないからである。

テロワールとは、地質、陽あたり、気候*、水理などから特徴付けられる、特定の地理的スペースを意味することばである。

肥沃すぎる土地や日照が強すぎる土地は、偉大なテロワールの対極に位置する。ブドウ樹*は、水はけがよく、温まりやすくて（北部の栽培地方ではとくに重要である）、砂利を多く含む土壌をとくに好む。軽い口当たりのワインを造るには、珪土が適している。粘土を多く含む土壌は、アルコール度の高いコクのあるワインに適し、石灰質の土からは、アルコール*が顕著に感じられるが、非常に繊細な熟成香のあるワインが生産され、鉄分を含む土壌からは、色がはっきりしたブーケのあるワインが造られる。こうした土壌は世界中に存在し、さして珍しいものではない。しかし、比類なきテロワールと呼べるものもある。それは、ワインにミネラル感*や奥行きを与えてくれる、白亜質の火山土壌である。

テロワールの価値は、そこで働く人びとが、テロワールの持てる豊かさを毎年引き出せるように働きかけることで、ようやく発揮される。まず、各要素（地質、地形や日当り、気候など）の影響を綿密に考慮して、環境に合ったブドウ品種*を選ぶことが重要である。ブドウ品種と人の手をテロワールに合わせるのである。栽培者は、その年に得た経験を生かして、翌年はより一層テロワールに適応させようと努力を重ねる。人間は、ブドウを思惑通りに育てようとするが、ブドウにも生来の成長の仕方というものがある（「剪定」の項目を参照）。植物を栽培するとは、いわば、そうした二つの力の綱引きである。造り手にとって重要なのは、テロワールの特性をそのままに保ちながら、テロワールの能力を開拓することであろう。造られたワインが、造り手の成功の唯一の証となる。

仲買人　COURTIER

ワイン業界には、いろいろな業種の人びとが関わっているが、なかには表に出ることを控えているために、一般の人びとにはその存在を知られていない業種もある。土地や醸造所の所有者、ワイン醸造技術者*、ワインを専門とするジャーナリスト、一部のソムリエ*は、世間に名前を知られればそれだけのメリットがある。一方、「田舎の仲買人」と呼ばれるワインの仲買人は、特別な影響力をもった陰の存在である。現在、この仲買人が、AOCワインの約八〇パーセントとテーブルワインの大部分を管理していると考えられている。この特殊な職業の歴史は、古代ローマ時代*にまで遡る。一八五五年にモルニー公爵から、のちに有名になったボルドーの格付けを任せられたのも、この仲買人である。現在も、ボルドーでは、仲買人が新酒*の購入を取り仕切っている。

仲買人は、地方の仲買業者組合に属しており、自分が扱うテロワール*はもとより、ワイン製造に関わる人びとや地域の伝統についても知り尽くした専門家であり、「地域の生態系」にすっかり溶け込んだ存在である。

ほとんどの造り手は、生産したワインをすべて瓶詰め*にするわけではない。造り手（あるいは協同組合醸造所*）は、仲買人にワインの一部をタンク*や樽*の状態で渡し、ワイン商や協同組合醸造所のような購入者とのばら売り交渉を依託している。仲買人は、販売用のワインの不足を補いたい生産者と、余剰ロットをさばきたい生産者の仲介役を務める。個人の造り手が余剰ロットを瓶詰めし、ラベル*のないワインとして、ワイン商へ卸されることもある。

仲買人は、立場上、口が堅くなければならないが、何はともあれ商人である。彼らは、いわば地方のワイン経済のバロメーターでもある。ワイン商は、どこのワインがよいとか、市場の動向、需要についての情報を仲買人から得ている。ワインの生産者や生産地方に対する疑惑が生じたときに、潔白を証明するために、仲裁役を務めることもある。

ナチュール・エ・プログレ　NATURE & PROGRÈS

ナチュール・エ・プログレのロゴを付けようとしたら、まずブドウの栽培方法が有機農業*認証されなければならない。ナチュール・エ・プログレ（オーガニックの生産者・消費者協会）は、さらに収穫（手摘みでなければならない）と醸造方法についても基準を定めている。ワイン醸造*で用いる酵母菌は、天然ものか自生のものに限られている。発酵前のブドウ液への補糖*は、一パーセントまでとする。清澄*は、ビオの卵白かベントナイト（特殊な粘土を粉にしたもの）で実施しなければならない。酒石酸と二酸化硫黄*の含有量は、欧州ワイン用に定められた規格の半分未満でなければならない。「ビオ」の項目も参照のこと。

苦味 AMERTUME

渋味*が触覚であるのに対して、苦味は酸味*、甘味、辛味のような味覚のひとつである。

ブドウ醸造の工程で細菌病が発生して苦味が発生することがある。ブドウの栽培過程やワインの醸造過程における失敗によるものでなければ、苦味は喉の乾きを癒すのに重要な役割を果たしているので、これらの違いはしっかり区別されなければならない。

ブドウのタンニン*や、木製の樽*から直接もたらされる苦みは、うまく釣り合いがとれていればワインの重要な特性のひとつとなる。しかし、釣り合いが悪いと、テロワール*や果実の風味を決定的に損ねてしまう。充分に乾燥していない樽で仕込まれたワインにも、苦みが生じることがある。

しかし、最近は完全に成熟*したブドウを追及するあまり、もっとも、完熟というより過熟と表現したほうがふさわしいかもしれないが、しつこい苦味を有したワインはほとんどなくなってしまった。このような天然の風味が完全に消滅してしまうとすれば、それは実に残念なことである。

根（台木）RACINE (PORTE-GREFFE)

根、あるいは台木は、外からは見ることができない部分だが、非常に大きな役割を果たしている。

一八六三年から始まったフィロキセラ*の発生から、ブドウ樹*を守ったのが、この台木である。フィロキセラの危機が発生する以前は、ブドウの株は、一体であり、土のうえの目に見える部分と根はつながっていた。しかし、アメリカからやって来た油虫が木の根に寄生してブドウ樹を破壊してしまい、その結果、アメリカ大陸産のブドウの台木にフランス産の穂木を接ぎ木しなければならなくなったのである。フィロキセラの危機（フィロキセラ禍）の際に、世界中のブドウ樹が枯れてしまうという状況のなかで、アメリカのブドウ樹だけが被害を免れていた。そこで、アメリカのブドウ樹の根に、フランス産の苗を接ぎ木する方法が考案されたのである。しかし、台木と穂木の接ぎの相性や、土壌条件に対する台木の適応性をあらかじめ確認しておくことは必要であった。

フィロキセラは、ワインの歴史にとって最悪の災禍であったことは確かだが、災い転じて福となした。フィロキセラの発生以来、無秩序な植樹やどこまでも収穫率を高めようとするやり方がぴたりと止まった。災害の当初は、痩せすぎた土地や、あまりにも肥沃な土地にも、次々とブドウが植え付けられた。しかし、あまりも被害が急速に拡大していったために、すべての造り手が、自分の畑を回復させることなどできないことは明白であった。そうして、財力のあるドメーヌだけが持ちこたえることができたので、自然淘汰的に、世界的に優れたテロワール*と、優れたブドウ品種*が生き残ったのである。優れたブドウ品種の探求と、ブドウ畑の回復には、およそ五〇年の年月を費やし、そのあいだに数百種類もの台木が完成されていった。

台木の選択は、土壌と苗木との相性、成り行き生産の収穫率、ワインの味や品質が落ちないことなど、数々のパラメーターに基づいて行なわれる。気候*や地理的な条件で、最初から除外される台木と、優遇される台木がある。台木の選択を誤ると、その後四〇年から五〇年（木からブドウが収穫できる期間）の年月を無駄にしてしまう。さらに、ワインの品質やドメーヌの評判にも大きな影響を及ぼす。現在、接木の台木として用いられているのは、およそ三〇種類ほどである。

ネゴシアン（卸売業者）NÉGOCIANT

ネゴシアンは、ワイン業界のなかで、一般の人びとにほとんど知られていない業種である。そればかりか、業界のバイヤーからは、疑いの目を向けられている。ネゴシアンには、地域に根を下ろしているネゴシアンと、ブドウ生産をする業者の二種類があり、両者は区別される。

地域卸売は、ボルドーに限られたシステムである。地域ネゴシアンの役割は、市場を調整することと、価格の固定と商品の安定供給を提案して固定客をつかむことである。ボルドーで卸売が始まったのは十一世紀のことであるが、十七世紀から十八世紀にかけて飛躍的に発展した。当時は、ほぼすべてのワインがばら売り（樽単位）で取引され、ワインの育成*は、極上銘柄も含めて、ネゴシアンの貯蔵庫で行なわれていた。ネゴシアンが、瓶詰め*も行なっていたが、国内外の他のネゴシアンにばらで転売されて、そこで瓶詰めされることもあった。その場合は、シャトー*のラベル*と、ネゴシアンのラベルの二つが貼られていた。ワインの卸売は、金儲けができる商売であったので、当時のネゴシアンはブドウ農園を経営しようなどと考えることはなかった。当時、ネゴシアンは、購買から瓶詰め、販売に至るまで、すべて自分の思い通りに仕事をすることが許されていた。こうした卸売が何でもできた時代のせいで、この業種のイメージが悪くなっている部分があるのだろう。

一方、生産ネゴシアンは、仕事の内容がやや異なる。彼らは、ブドウ栽培の土地（ブルゴーニュ地方やローヌ川流域）に住む地主であるが、ブドウや製品になったワインを世界規模で商取引していることが多い。ネゴシアンは、取引したい品を選択したら、仲買人*に近くのドメーヌで探し出してもらうよう依頼する。すると、仲買人は、ネゴシアンの希望に沿った品をくまなく探し回り、その見本をネゴシアンのもとに届ける仕組みである。

ワイン製造業界は、近年めざましく変遷している。顧客の要求が次第に厳しくなり、ブドウ栽培に関する情報をしっかり掌握していないドメーヌのブドウやワインを購入していては、品質を保証することが難しくなってきた。そこで、製造段階一式を管理する方法を選択するネゴシアンが増えてきた。つまり、ブドウ樹を借りて、みずからブドウを栽培することで、ブドウの品質を確かなものにしているのである。一般に、生産ネゴシアンは、自家製ワインとばら買いで購入したワインを混酒*することはない。両者を別々に育成して、簡単に識別できるラベルを付けるのが普通である。

は行

はかない　ÉPHÉMÈRE

ワイン醸造技術の進歩と醸造の全段階における技法が発達したことにより、きわめて温暖な地域や温暖すぎる地域でもワインを生産することができるようになった。しかし、温暖な地域で生産されたワインは、ブドウそのもののバランス*が失われており、酸味*に欠ける傾向がある。こうしたワインは、グラスに顔を近づけた瞬間、鮮烈な香りを放つため魅惑的だが、ワインの骨格自体は脆弱なことが多い。また、魅惑的な幻想自体も数分間しか持続せず、しかも横柄な印象を与えることが多い。というのは、こうしたワインは、必ずと言ってもよいほど、贅沢すぎるほどの木の香り*に包まれているからである。

「かつてのワインと現代のワインは根本的に異なる」と笑みを浮かべて語る造り手もいる（幸いなことにすべての造り手がそうではない）。かつては、飲む前にグラスを揺り動かしてワインを酸化させるとよいと勧められていた。ところが、近年、ワインを空気に触れさせるとワインの貴重な成分を壊してしまうので避けるべきであると言われることが多くなってきた。

このようなはかないワインは、非常に温暖な気候環境のもとで、近年のせっかちな顧客を満足させるために造られた娯楽のワインである。このようなワインは、瞬間的に活性化されるため、きわめて心地よい味わいを与えてくれる。ところが、料理と合わせるのは至難の業である。はかないワインをカラフ*に入れたり、グラスに注いだあと待ってみても意味がない。持っているすべてのポテンシャルを一瞬のうちに出しきってしまうようなワインが、一時間後にどうなるかを想像してもらいたい。

はかないワインを長期間、保存することは絶対に避けるべきである。はかないワインでも高品質ということはありうるが、高すぎる値段で販売されることはあってはならない。高貴なテロワール*で造られた長期熟成型ワイン*だけが、法外な値段をつけることを許されるのである。その価格は、長期保存を可能とするポテンシャルに対してつけられていると言えるだろう。はかないワインは、若者やワインの初心者といった新しい市場を開拓することを狙いとして生産されている。愛好家の味覚と嗜好は、より複雑な味わいのワインへと徐々に移行してゆくものであって、このようなはかないワインは、次のステップへの単なる通過点にすぎない。

パスツール　PASTEUR

パスツールは、一八二二年にジュラ県に生まれ、ワインの歴史に大きく貢献した。

パスツールの数々の発見から、科学的なワイン醸造学*が生まれた。パスツールは、酵母菌が微生物であり、嫌気的な環境（無酸素）で活動することを明らかにした。

一八六三年、パスツールは、当時フランス経済に大きな打撃を与えていたワインの病気に関する調査を行なうように、ナポレオン三世から依頼された。パスツールは、ワインを五七度まで加熱することで細菌を殺すことができることを発見した。そして、その手法の確立により、保存や搬送における問題が大幅に緩和されたのである。これが、低温殺菌法（彼の名を取ってパストリゼーションと呼ばれる）の始まりである。低温殺菌法は、ワインを保護することはできたが、味や香りに思わしくない影響を与えることがわかったので、長くは続かなかった。そして、十九世紀末になると、ワインに低温殺菌は行なわれなくなった。

バックラベル　CONTRE-ÉTIQUETTE

ワインの身分証明書がラベル*とすれば、バックラベルは名刺のようなものである。フランスのドメーヌでは、かなり昔からバックラベルを使用しているが、世界的に使われるようになったのは最近のことである。

瓶の裏側に貼られるバックラベルに関する規制はない。規制によって記載を義務付けられている内容は、すべてメインラベルに表示されているからである。メインラベルに記載しなければならない情報以外を、バックラベルに移すことで、メインラベルがすっきりと読みやすくなることも利点である。それから、消費者は必ずしも義務的な記載内容になじみがあるわけではない。とくに、生産国以外の消費者にとって、バックラベルには、ちょっとした豆知識から、植栽品種、醸造方法に関する簡単な説明、最適な保管条件、おおよその消費期日、生産地の地図、残留糖分濃度など貴重な情報に至るまでさまざまな情報が表示されているので、貴重な情報源となっている。メインラベルについても同じことが言えるが、読んでも意味がわからないバックラベルは、何の役にも立たない。

発泡性ワイン　VIN EFFERVESCENT

率直に言って、官能性に欠ける名称ではあるが、「発泡性ワイン」は、泡が立つワインの総称である。泡が立たない「静かな」ワインとは異なり、発泡性ワインは、瓶内二次発酵で発生した炭酸ガスが、ワインのなかに溶け込んだものである。瓶を開けたときに、この炭酸ガスが泡になる。泡立ち方には、いくつかの種類があるが、おもなものとしては、ペティヤン〔フランス語で「ぱちぱちはねる」の意味で、弱発泡性のワインのこと〕とムスー〔フランス語で「泡」の意味〕の二種類がある。

発泡性ワインには、三通りの製法がある。

最初に、「シャンパン方式」、あるいは「伝統方式」と呼ばれる最も格の高い製法から説明しよう。シャンパンとクレマンは、すべてこの製法で造られる。まず、伝統的な銘柄の白ワイン*を瓶に詰め、リキュール・デゥ・ティラージュ（ワイン、ショ糖、酵母を混ぜ合わせたもの）を加え、王冠で栓をする。次に、帯板の上に瓶を一定期間、水平に寝かせる。熟成期間は、銘柄によって異なるが（一四カ月以上）、閉じ込められた酵母*が、糖分をアルコール*に転換するまで寝かしておく必要がある。酵母は、糖分をアルコールに変えるときに、熱と二酸化炭素を発生する。それが閉じこめられた泡の正体である。酵母は糖の分解を終えると死に絶え、瓶の底に澱*となって沈む。次は、ルミアージュ（動瓶）と呼ばれる、澱を瓶の首のほうに落としていく過程である。この作業は、人の手で行なわれることも、機械で行なわれることもある。それから、この澱を瓶から取り除く、澱抜きと呼ばれる作業を行なう。澱の集まった瓶口を下にして、二センチメートル分だけマイナス二五度の冷却溶液で凍らせ、溶液のなかで素早く栓を開いて澱を含んだ部分だけを放出させる。澱抜きによって抜いた分だけ空きができるので、その分量を補わなければならない。そこで、最終段階として、新しい酵母や雑菌が入らないよう丁寧に殺菌されたワインを加える。二年以上熟成させたワインから造られた多少甘味のある門出のリキュール（リキュール・デクスペディシオン）が加えられることもある。添加されるリキュールの糖度が、発泡性ワインの甘さを決定する。

その他のAOC発泡性ワインは、メソッド・アンセストラルや、メソッド・アルティザナルと呼ばれる先祖伝来の方式で製造される。偶然の産物と言われるこの方式では、発酵が終わりきらないうちに、タンク*からワインを取り出し、瓶に詰める。瓶のなかにはまだ分解されていないブドウの糖分が残っているので、他の添加物（リキュール・ドザージュとリキュール・デクスペディシオン）は加えない。ワインを瓶詰めする段階で、できる限り澱を取り除くので、瓶のなかに澱はほとんど残らない。こうして、澱抜きをせずに飲める発泡性ワインが造られるのである。リムー地方は、伝統的なブランケットと呼ばれる発泡性白ワインを製造するのに、この方法を用いている。アン県のセルドンでは、この方式を用いてロゼの発泡性ワインを造っている。この方法で造られたワインは、アルコール度が低く（平均で八度）、泡立ちは軽い。

それ以外の方法として、シャルマ方式、別名キュヴェ・クローズと呼ばれる製造法がある。この方式は、量産の発泡性ワインにしか用いられない（クレマンやシャンパンにこの方式が用いられることはない）。シャルマ方式とは、ワインを満たした七〇キロリットルの大型タンクに炭酸ガスを直接入れて発泡性を持たせる方法である。

バランス　ÉQUILIBRE

偉大なワインであるためには、バランスがよくなければならない。醸造学に造詣が深くなくても、注意深い愛好家ならば、ワインから得られる喜び*をもとに、そのワインのバランスの良し悪しを難なく判別することができるであろう。ワインのバランスは、とくに嗅覚と味覚に直接結びついている。ワインを飲む人が、無意識のうちに最も探し求めているのは感覚的な喜びである。

ワインのバランスは、その構造で決まるので、ワインを建造物にたとえることもできる。バランスのよいワインを造ろうとしたら、テロワール*とブドウ品種*の相性や、土壌の性質と気候*との共働作用が、完全でなければならない。

ワインのバランスを左右するパラメーターはいくつもあるが、それぞれが重要である。まず、土壌の性質を考慮して、根*（接木の台木）、それに接木するブドウの品種を選択する。次に、ヘクタール当たりのブドウ樹の密度と剪定法を決定する。これらは、ブドウの収穫量を決定することにもなる。また、ブドウがどこまで成熟したら収穫を行なうのか、それから、ワインの醸造方法を決めなければならない。しかし、調和のとれた優れたワインを造り出す基準をすべて満たしたとしても、制御することのできない不確定要素がある。それは、気候と気候がもたらす影響である。気候は、摘み取りの寸前まで波乱を起こす要因となりえる。

ワインのバランスは、主としてブドウ樹によって決まることはすでに述べた。しかし、ワインの醸造過程全体を通して、バランスは維持され重んじられなければならない。意識的にせよ、意図しないにせよ、バランスを取ることに成功すれば、甘味、酸味*、苦味*のほどよい調和となって現われる。ワイン醸造段階で味を調整しようとすると、たとえそれが規制で許されている行為であっても、バランスの鎖を断ち切ってしまうことになる。

ビオ　BIO

ビオ認定の仕組みについて詳しく知ろうとすると深い森に迷い込んでしまうが、ワインラベル*に多く見られるようになってきたビオのロゴについての最低限の知識は必要であろう。ドメーヌのラベルに添えられたビオを示すロゴは、ある一定の厳密な規格を守り、特別な手順に従って生成されたワインであることを保証するものである。ただし、二五年以上も前にビオを実践しはじめた偉大な先駆者のなかには、ビオを始めたばかりの造り手にまぎれることを嫌い、あえてロゴを付さない者もいる。

ビオを表わすおもなロゴとして、ＡＢマーク（有機農業*）やナチュール・エ・プログレ、デメテール*、ビオディヴァンなどがある。

ビオワインの味を体験すれば、誰もがこのワインに対して無関心でいられなくなる。最初の反応は、肯定的であるか、否定的であるかのどちらかにはっきりと分かれる。それは、味覚がビオワインの味を判別する用意ができていないために、意表をついた未知の感覚として即座に脳に伝えられるからである。ビオワインは、通常のワインの伝統的な製法に従って製造されているわけではない。その色調*は淡く、やや濁りがある。とくに赤ワインの色調が薄くなる。白ワイン*の場合は、琥珀色の色合いがやや濃いものになる。しかし、何といっても通常の基準が一切通用しなくなるのは、嗅覚と味覚においてである。ビオワインは、熟成*の仕方も通常のワインのそれとは非常に異なっており、風味に優り消化しやすいものになっている。ビオワインは、甘みやアルコール*の強さによって感覚に訴えることはなく、微妙な風味のバランス*や凝縮された味わいを特徴とする。ねばつきや焼けるような感じがなく、ビオワインは、変わらぬ味で安心感を得ている現代ワインの逆を行くワインである。

赤ワイン*の場合、その色調の淡さから貧弱で軽い味わいを想像されがちである。それとは逆に白ワインは、濃くて深みのある色調を呈しており、酸化*した普通のワインの色に近い。白ワインの香りが、重くてフルーティ*であるのに対して、赤ワインには赤い果実の香りというよりは、花の香りがある。

ビオワインには、培養酵母の使用が認められておらず、天然酵母のみを用いるため、アルコール度は平均以下である。ビオワインを飲んで驚くのは、そのミネラル感*である。経験の浅い愛好家にとって、ミネラル感は未知の感覚であり、塩をきかせた石をなめているように感じるかもしれない。

残念なことに、ビオワインは余韻が弱めで、味覚感覚も短いものが多い。そのために、ビオワインは、テースティングで簡単に判別することができる。

フランスには、現在二〇〇〇弱の有機栽培ブドウ農家が存在する。これは、ブドウ栽培農家全体のおよそ二パーセントにあたる。ビオワインを購入して味わってみるかどうかは、まだまだ各自の選択に任されていると言える。

瓶詰め MIS EN BOUTEILLE

ラベル*に書かれている「瓶詰め」（MIS EN BOUTEILLE）という表記は、義務であり、厳しく規定されているが、非常に小さい文字で書かれているために気付かれないことが多い。しかし、この表記は、瓶詰め者の質に関する必要不可欠な情報を与えてくれる。

瓶詰め者とは、「瓶詰めを行なった、あるいは行なわせた個人または法人、団体名」のことである。

瓶詰め者は、みずからの氏名や社名、瓶詰めを行なった場所の市町村名、地方名をラベルに必ず記載しなければならない。それ以外にも、ブドウやワインの買い付け業者や、ブドウ栽培者は、それぞれ「配給者名」、「収穫者名」と明確に表記されなければならない。

たとえば、あなたがボージョレのボトルを手にしているとする。ラベルには、瓶詰め者名、買い付け業者名、瓶詰め業者名称などが記載されているはずである。

「瓶詰め者名」（mis en bouteille par ...）が記載されていれば、ドメーヌ元詰めワインである。「瓶詰め代理者名」（mis en bouteille pour …）と表記されていれば、ドメーヌの所有者の代わりに業者が瓶詰めを請け負ったことを意味し、ドメーヌ元詰めワインより品質保証のレベルが低いことを表わしている。ワインのネゴシアン*や協同組合醸造所*は瓶詰めについてのノウハウがあり、それぞれのニーズに合わせた知識と設備も持ち合わせているので、こうした施設で瓶詰めされたものは、品質的に間違いが無いことを表わしている。

「ドメーヌで瓶詰めされた」（mis en bouteille à la propriété）や「シャトー*で瓶詰めされた」（mis en bouteille au château）という記載は、そのワインが身元のわかっているドメーヌで瓶詰めされたものであることを示している。ネゴシアンや協同組合醸造所のなかには、この書式でラベルに記載することもできるところもある。

瓶詰め病　MALADIE DE BOUTEILLE

瓶詰め*は、ワインにとって耐え難き瞬間である。樽*であれタンク*であれ、巨大な育成容器から立ち退かされ、七五〇ミリリットルの瓶のなかに永久に「囚われの身」として収容されてしまうのだから、その気持ちは推して知るべしである。どのワインもこの時期をどうにかうまく切り抜けてゆくものだが、難なく通過するワインもあれば、数週間後、数カ月後になってようやくダメージから回復するワインもある。

瓶詰め病の症状は、平均的な構造のワインでは早期に現われるが、長期熟成型ワイン*ではある程度時間を経たあとで発見される。瓶詰めされたばかりのお気に入りのワインが、数週間前に小樽から試飲したときの鮮明さを失っていたとしても絶対に慌ててはならない。瓶詰め病は、一時的な停滞期であって、ワインが方向を見失い、持てる力を部分的にしか発揮できていないだけのことである。何もしないで、その時期をやり過ごしてしまえばよい。

主観性を伴う判断ではあるが、瓶詰め病の症状は、鼻をつく香りがする、味がぼやけていてまとまりがない、風味に正確さとフルーティ*な感じがない、均質性に欠ける、空疎な味わい、期待はずれな口中余韻などである。

長期熟成型の上質ワインであれば、瓶詰めされてすぐに抜栓してはいけないものなのでそれほど重要ではないが、早飲みタイプや中期熟成型のワインでは、こうした困った状態が数週間は続くこともある。

瓶詰め病は一過性のものでしかないので、二年後にも同じような味わいが続くようなら、それは問題である。その場合は、別の方向から原因を追究しなければならない。

フィロキセラ（ブドウ根油虫） PHYLLOXÉRA

ブドウ樹にとっては最強の敵。

フランスのフィロキセラは、一八六三年にガール県とジロンド県で初めて確認された。当時、世界中のブドウ栽培は最大の惨禍に直面していた。フィロキセラが、好奇心旺盛な苗木屋のスーツケースに入れられてアメリカ大陸からやってきたのである。この苗木屋は、フランスのブドウ畑の生産性を上げるために、新種の木をテストしてみようと考えたのだが、その際、木の根に宿り、樹液を養分にしている害虫まで一緒に持ち込んでしまった。この油虫による被害は甚大で、フランスに留まらず世界中のブドウ樹を三年間で全滅させてしまった。この油虫は、寄生したブドウ樹をわずか三年で枯らしてしまうのであった。

災いはまたたく間に拡大した。途方に暮れた苗木屋や研究者は、やがてアメリカ産のブドウ樹は被害を受けていないことに気付いた。そこで、アメリカ産の台木にフランスのブドウ樹を接ぎ木する方法が考案されたのである。

しかし、この方法もすべての人びとに無条件に受け入れられたわけではなかった。一八七二年になっても、フィロキセラに効果的な対策を発見した人には、二万フランの賞金が贈られていた。なお、報告された解決法は、ブドウ樹の根元にヒキガエルを埋める、すりつぶしたニンニクで幹をこする、地面をたたく、悪魔祓いをするなど、まじない的なものばかりであった。その後、政府の介入により、真面目な解決策に三〇万フランの懸賞金がかけられた（この懸賞金が実際に支払われることはなかった）。政府によって取り上げられたのは、水浸しにする（実現不可能であるが）、砂を撒く（昆虫は砂の上を移動することができない。カマルグなど砂地のブドウ栽培地方では、現在もフィロキセラの被害はない）、硫化炭素を撒く（燃えている炭の上に硫化物を散布する）の三つの案である。最後の案には、決定的な短所があった。確かに、硫化炭素はフィロキセラを駆除することはできるが、同時にブドウ樹も枯らしてしまうからである。そのうえ、ブドウ栽培の作業者の身体にも害を与えた。また、硫化炭素は、きわめて引火性が強く、つねに爆発の危険を抱えていることも問題であった。そうした紆余曲折を経て、接ぎ木の台木を用いる方法が各地で認められていったのである。

フィロキセラの大流行はもうひとつ別の結果ももたらした。それは、ブドウ樹が輸出されるときに検疫が行なわれるようになったことである。再び同じような大災害に遭いたいと考える造り手など世界中を探してもひとりとしていないので、当然の措置と言えるだろう。

複数品種 MULTI-CÉPAGE

単一品種*ワインとは異なり、複数品種のブドウでできたワインでは、ひとつのキュヴェを造るのに二種類から数種類のブドウが使用される。

欧州の伝統的なものには、複数品種のワインが混酒*されているものが多い。これは、気候*の変化に左右されにくくするためである。南半球やカリフォルニアでは、猛暑による問題をこの手法で解決している。いずれにせよ、気候に不測の事態が生じた場合に対処できる生産手法であると言える。

昔からソーテルヌ、ボルドーの白ワイン、*ローヌ渓谷の白ワインなど、名高い白ワインのなかには、二種類から四種類、ときには五種類もの異なる品種のワインを混酒して造られているものがある。しかし、用いられるブドウの品種の豊富さ、手法の確立が優っているのは、赤ワインの生産である。複数品種のブレンドが認められている地域であっても、原産地呼称*エリアごとに、メインのブドウの弱点を補うためにブレンドしてもよい品種が決められており、それ以外のものを用いることはできない。イタリアとスペインには、フランスのローヌ渓谷のように、白ブドウと赤ブドウをブレンドして偉大なロゼワイン*を造ることを許されている地方もある。

ブドウを収穫する人にとって、ブドウ品種*ごとに成熟*する時期にばらつきがあることが悩みの種である。ブドウ品種によって熟す時期も熟し方も異なるため、ワイン醸造者は、混酒の仕上げのタイミングを冷静に見極めなければならない。

混酒は、メインとなる品種に欠けている構造を補い、ワインにバランス*をもたせるために行なわれる。ワイン造りに多くの可能性をもたらすが、ときとして、やりすぎを助長することにもなる。この手法によって、造り手は安全なワイン造りに慣れてしまい、画一的なワインばかり造られてしまうという危険性もある。

ブドウ樹　VIGNE

ブドウは、つる植物で、ブドウ属（低木）に属している。ブドウ属には、約四〇の種が存在するが、世界各国で栽培されていることが確認されているブドウは、ほとんどがヴィニフェラという種である。ワイン加工に最も適したブドウをつけるこのヴィニフェラは、数十の栽培品種、あるいはブドウ品種*の起源である。ヴィニフェラは、世界でおよそ七五〇万ヘクタールの栽培面積を占めている。果汁が透明なブドウだけが、商品化できるワイン用に選別される。

良質のブドウを作るためには、このつる植物を適切な方法と仕立で栽培しなければならない。仕立の全体的な方法は、さまざまな要因（緯度、気候、土質、ブドウ品種、畑の向き、希望収穫高など）の組み合わせで決まる。

栽培方法は、言うまでもなく植物の知識に依拠する。しかし、表土や下層土の手入れに関するしっかりした知識にも基づいていることは、つい忘れられてしまう。充分に考え抜かれた栽培は、植物の健康状態によい影響を与えるが、同時に樹勢を抑制する役割も担っている。みごとなブドウの実をつけさせるためには、樹木にまわる養分を抑えなければならないからである。

栽培長やオーナーは、土地の物理的特性を維持、改良することに細心の注意を払っている（堆肥を埋める、水に関する規定に適応させる、通風。「地球生物学」の項目を参照）。根を深い部分まで手入れする、雑草を抜く、肥沃すぎる土地には草をはやしてブドウ樹と競争させる、冬には木の根元を凍害から守ることなどが、彼らのおもな仕事である。造り手が、ワインに個性を持たせるためにまずしなければならないことは、除草剤を使わずに、畑を手入れすることである。このような畑で採れたブドウをワインに加工するワイン醸造*は、ブドウ樹からのメッセージをワインの形で表現することにほかならない。

しかし、栽培方法に気を配るだけでは充分とは言えない。そこに、木の仕立も付け加えなければならない。仕立とは、栽培するブドウ樹のヘクタール当たりの密度や、最適な木の高さの探求、剪定*の方法、剪定後の固定作業の方法などを意味する。

栽培密度は、やせた不毛なテロワール*のヘクタールあたり一二〇〇〇本から、ブドウの株同士をおおいに競わせるような畑の一五〇〇〇本までばらつきがあり、世界中のブドウ畑で異なる。木の高さについても気候*やテロワールの特徴に応じて検討される。秋に肌寒くなる地方や冷え込む地方では、冷たい土からブドウの房を離してうまく成熟*させられるよう高めに剪定される。

剪定は、収穫量を決定付ける。剪定には数々の方法があるが、よく用いられるのは、ゴブレ式、コルドン・ドゥ・ロワイヤ式、ギヨ式、リール式の四種類のみである。

ブドウ品種　CÉPAGE

テロワール*はワインの品質を決定づけるきわめて重要な要素であると言われるが、ブドウ品種や人の力がなければテロワールのメッセージを伝えることはできない。とくにブドウ品種は、主要な役割を果たしている。ワインの特性は、土壌からの影響よりも、このブドウ品種の影響を強く受けることがある。

世界には、一〇〇〇種類以上のブドウ品種が存在するが、フランスで一般に使用されているのは、わずか五〇種ほどである。

この一五年間で、消費者のあいだにさまざまな品種のワインを飲んでみたいというニーズが高まっている。テロワールにとっては気の毒な話である。白ワイン*用の品種として有名なものとしては、シュナン、シャルドネ、リースリング、ソーヴィニヨン、セミヨン、ゲヴェルツトラミネール、ヴィオニエがある。赤ワイン用*としては、カベルネ（ソーヴィニヨン、フラン）、シラー、メルロー、グルナッシュ、ピノ・ノワールが最も用いられている。ブルゴーニュのピノ・ノワールは、歴史上最も早くに品種として特定され、名付けられたものである（十四世紀）。カベルネが特定されたのは、それよりもずっとあとの十八世紀のことである。

ブドウ品種には、実にさまざまな品種改良が行なわれているが、とくにセレクション・クロナールと呼ばれる方法が現代では一般的である。これは同一の遺伝子を持つ木をもう一本増殖させる方法である。この手法は、ブドウ品種を保存することを目的としているが、一方で同じ遺伝子のブドウ品種ばかりを増やして、種としての多様性を損なわせるという側面もある。他にも、セレクション・マサールと呼ばれる品種改良法を採用しているブドウ農家もある。この手法は、優良区画内にあえて雑多なブドウ品種を植え付け、そのなかで最も品質のよいブドウを付けたものを選別し、それを増殖させるという行程を繰り返す伝統的な品種改良法である。

ＩＮＲＡ（フランス国立農業研究所）には、実に数百種ものブドウ品種がある。それらは、新種の開発や既存の品種の改良のために用いられる。我々の共有財産であるブドウ品種を管理、保存することは、一八六三年に地球上を襲い、世界中のブドウ樹をほぼ全滅に追いやったフィロキセラ*の大災害を繰り返さないためにも欠かすことのできない活動となっている。

ブラインド・テースティング　DÉGUSTATION À L'AVEUGLE

ボルドー大学ワイン醸造学*部と協同研究を進めているＩＮＲＡ（フランス国立農業研究所）の研究員は、ワインのテースティング、つまり嗅覚と味覚における評価が、その場の状況やテースティングをした人が抱くイメージに大きく影響されることを証明した。

では、ブラインド・テースティングだけが、完全で客観的なテースティングを保証する唯一の方法なのであろうか。「ラベルを隠さずに」神話的*なグラン・クリュをテースティングするときは、誰でも必ずことばを選ぶことになり、もし欠点があっても、それは一過性のものにすぎないと大目に見てしまいがちである。誰もが名前を知っているトップクラスのワインをあえて非難することはない。価格が高いほど、飲む人に大きな喜びを与えると考えられているからである。そうしたワインでも、銘柄のラベル*を隠して、いわゆるブラインド・テースティングを行なえば、公正に評価をすることができるだろう。

プライベートで、あるいはソムリエ試験などで試飲者のスキルのレベルを試すためにブラインド・テースティングが実施される場合、影響はその結果を受け止める人に限られる。しかし、プライベートやプロのレベルで、購入を前提にいくつかあるワインのなかから一本を選んだり、採点をするような場合には、実施者に対して、絶対的な中立性やワインのパラメーターに関するあらゆる正確な知識が求められる。たとえば、香りや風味に影響を与えるブドウ品種*の重要性、ワインの成分バランス*における気候*の評価、熟成*、豊潤さ、味を左右する栽培方法の影響などである。それ以外にも、ブラインド・テースティングでは、試飲したワインがどのワインであるかを判定するために比較のポイントをおさえておく必要があるので、世界中の有名な生産地区におけるワインの特徴を把握しておかなければならない。その知識が、通常のテースティングでも正確に個々のワインの「正体を突きとめる」ことに役立つことになるだろう。

ブラインド・テースティングは、正しく実施しなければ、購入者と販売者のあいだに感情的な軋轢と金銭的な損害をもたらすことになってしまう。したがって、職業上、必要とされる場合を除いて、この方法は愛好家の楽しみやトレーニングに用いる程度に留めておかなければならない。

フルーティ FRUITÉ

「フルーティ」ということばは、「辛口」*と同様に誤解されている。本来の意味は、ブドウの香りや風味（味と香りをひとまとめにしたもの）が伝わってくるようなワインを表現する言葉である。フルーティと形容するに値するワインは、果物そのものから伝わる風味が、ワイン醸造*の際に生じた風味よりも強いワインのことである。ワインがフルーティであると感じるときは、味覚だけではなく、嗅覚的な情報も受け取っている。

フルーティなワインは、木の香り*がするワインの対極に置かれる。それがもとで、用語が間違って用いられるようになってしまった。ワインを口に含んだとき、はっきりと識別できる嗅覚がいくつかある。それは、動物系、香油系、樹木系、焦臭系、香料系、エーテル系、フローラル系、フルーティ系、乳系、植物系の十種類である。ところが、フルーティ系は、他の系統のどれかと誤って用いられることが多いのである。

まず、フルーティなワインは、若いワインと同一視されることがある。しかし、フルーティさが、ワインの熟成過程の一時期だけに認められると考えるのは間違いである。ワインが瓶のなかで熟成*すると、フルーティさは、自然により温かみのある複雑なものへと変化する。フルーティと表現されるものでも、果実自体から発せられるやや酸味*がかった新鮮さが感じられるものと、温暖な年に収穫されたプルーンの香りをもたらす暖かみのあるものとは、区別することができる。

補糖　CHAPTALISATION

補糖は、フランスの化学者であり、政治家でもあったジャン＝アントワーヌ・シャプタル（一七五六〜一八三二年）が開発した、てんさい糖を発酵前や発酵中のマスト（ブドウ液）に加えてワインのアルコール度を高くするための手法である。

一九三六年から、いくつかのブドウ栽培地方では、補糖したワインもAOC（原産地統制呼称）*として認可されている。しかし、補糖の実施に際しては、厳しい規制に従わなければならず、日照時間が不足する栽培地方にしか認められていない。プロヴァンス地方やラングドック地方では、補糖を行なうことはできない。一〇〇リットルにつき最高三キログラムまでショ糖を添加することが許されている。こんにちでは、補糖の管理は核磁気共鳴装置によって正確にコントロールされている。生産者にとって、補糖は数ある調整法のなかで、真っ先にやってみたくなる魅惑的な方法である。

現在では、不出来な収穫年*のワインを補糖によって救うというのは、もはやふさわしい解決策でなくなっている。補糖を無制限に許すと、薄めたワインに補糖することでワインを増産することに繋がり、また原産の概念も変化してしまう。今では「自己濃縮化」（他のものの助けを借りず果汁だけを用いて味を強めること）という手法が取られている。最も普及しているのは、高性能のろ過システムを用いてマストから水分を抜きとり、水分以外の成分の濃度を上げ、バランスのとれた主成分を醸造桶に戻すという方法である。

マグナム　MAGNUM

ワインボトルの容量には、二〇〇ミリリットルから一五リットル（シャンパーニュのネブカドネザル）までのバリエーションがある。しかし、普通のワインボトルの容量は七五〇ミリリットルであり、世界中のほとんどのワインにしても同様である。マグナムの容量は、その倍の一五〇〇ミリリットルである。

愛好家は、ワインにとって最良の容器がマグナムであることを知っている。マグナムボトルのほうが普通のボトルよりも経年の影響を受けにくいからである。マグナムボトルのワインは、外観は若々しく、ゆっくりと熟成し、酸化*の程度が少ないみずみずしいものになる。瓶のなかに入り込む酸素の量と瓶の容積との比率の差異が、そうした味の違いを生むことは間違いないようである。マグナムボトルの首は、普通の瓶の首とほぼ同じサイズでありながら、容量は倍であるため、酸化の程度が低く、熟成*の進行もゆるやかになる。

マグナムボトルの購入に当たっては、そのニーズをよく考えなければならない。つねに六人から八人を招待する愛好家であれば、普通サイズよりもマグナムボトルを開けるほうがよいだろう。どんなワインにもマグナムサイズがあるというわけではないが、産地レベルならば、ロゼを含む全色ワインでマグナムボトルを見つけることができる。

マグナムは、その堂々たる外観に加えて、手間を半分にすることができるという利点がある。カラフ*に移し変える必要のあるワインであるのに、マグナム用のカラフがないといった場合には、普通のカラフを二個使用すればよい。

マグナムの大きさゆえの問題といえば、コルク臭*に出くわしてしまったときの悲劇である。損害の量が、一気に普通のボトル二本分になってしまう。知識の豊富な愛好家であっても、いざマグナムボトルを購入する段になるとためらいがちになってしまうのは、こうした事態が脳裏をよぎるからであろう。

マロラクティック発酵　FERMENTATION MALOLACTIQUE

マロラクティック発酵は、造り手や醸造技術者、ソムリエ*がよく口にする言葉だが、これは、二次発酵と呼ばれる過程で、ブドウに含まれているリンゴ酸という不安定な酸を、安定した乳酸に変えることである。マロラクティック発酵を行なうと、ワインの酸味*が和らぎ、まろやかになるが、この二次発酵を行なわないワインもある。たとえば、日照条件に恵まれている地方では、ワインのバランス*に必要な酸味を保つためにマロラクティック発酵を行なわない。

マロラクティック発酵は、通常赤ワイン*に用いられる手法であるが、白ワイン*でも行なわれることがある。とくに、気候的に寒冷な地方で造られる天然の酸味が強すぎるワインをオーク樽*で熟成させる場合に行なっておくと効果的である。シャンパーニュの有名なメーカーのほとんどが、この「マロ」によって減酸を施している。しかし、マロラクティック発酵を導入しないで長期保存ワインを造るメゾンもある。

水 EAU

ブドウには、七〇パーセントから八五パーセントの水分が含まれている。水は、ブドウ樹*にとっても人間にとっても欠かせないものである。ただし、人間には水分の摂取について禁忌事項がほとんどないのに対して、ブドウ樹への水やりは、かなり制限されなければならない。

なぜ本書で水を取り上げるのかと首をかしげる読者もいることだろう。それは、水がなければワインは存在しないからだ。水はワインにとって必要不可欠のものであるが、ワイン造りの過程では、適切な範囲内に制限して使用されなければならないものである。私が、「水」を一〇〇のことばに加えたのは、そのためである。

水とワインは切っても切り離せない関係にあるが、フランスをはじめとするワイン生産が盛んなほとんどの国で、ブドウ樹に水を与えて樹勢を維持することが禁じられている（特例を認められている地方もある）。ブドウ樹への点滴灌漑*は、植え付けと根付けの時期に限り認められている。また、ワイン用のブドウ樹への水やりは、厳しく禁止されている。ブドウを植え付けようとする場合、まず場所と、接ぎ木が可能な台木と穂木を選択するところから始めなければならない。また、栽培方法は、栽培地の地理を考慮して選択される。

ブドウ樹は乾燥に対して非常に強く、苛酷な乾燥状態にあっても、実をつけないことで自分の身を守る。川沿いや海沿いに植えられたブドウ樹は、大気中の水分を利用して厳しい暑さを克服するとともに凍害からも身を守っている（「海岸」の項目を参照）。シャブリやシャンパーニュなどの寒冷地では、以前はさまざまな燃料を燃やして空気を暖めていたが、大気汚染を考慮して、そのような方法はほとんど用いられなくなった。現在では、天然池や人工池から汲んだ水を霧状に散布することでブドウの周りに氷の殻を作りブドウを保護している。

水は、ブドウ栽培にとってかけがえのないものであるが、それはワイン醸造*においても同様である。ブドウをワインに変える酵母*は、適した温度を必要とする。醸造タンク*は、周囲に設置された螺旋管に水を循環させることで温度調整しており、ここでもやはり水が使用されている。

緑色（青い） VERT

これは、造り手を最も傷つけることばのひとつである。しかし、念のために言及すると、緑色をしたワインは実際に存在する。ポルトガルワインの白眉、ヴィーニョ・ヴェルデがそうである。ヴィーニョ・ヴェルデは、ポルトガルの北西部にあるブドウ品種から造られたワインで、白ワインと赤ワインがある。

ワインの味を正確に表現する語彙を持たない愛好家は、短絡的な表現を用いる傾向にあるか、この「青い」ということばも、安易に使われる「平凡でありふれた」表現のひとつである。

もしも、今もなお、未成熟のブドウを収穫してワインを造ろうとする造り手がいれば、そのワインにこそ、この「青い」という表現はふさわしいであろう。しかし、技術が進歩し、どちらかと言えば甘すぎるワインが世界的に好まれる傾向にある現代では、このような緑色をしたワインが造られてしまう事故は滅多に起こりえない。成熟したブドウから造っても自然と酸度が高くなるワインや、マディランのタナ種やブルゴーニュのアリゴテ種など精力的な印象をもたらす特定のブドウ品種*（白と赤）から造られたワインを「青い」ワイン扱いしてはならない。

シャンパンは、育成*の最終段階で、古いシャンパンをベースに純粋なショ糖を混合した門出のリキュール（リキュール・デクスペディシオン）と呼ばれるものを加えている（「発泡性ワイン」の項目を参照）にもかかわらず、よく青いと評価される。これは、あまりにも若い段階で飲まれてしまったせいか（シャンパンは長期熟成型ワインである）、マロラクティック発酵*が施されていないからである。シャンパンは、若すぎるものを飲むよりは、抜栓までに時間をおいたほうがよい。

ミネラル感　MINÉRALITÉ

「ミネラル感」は、ワイン業界でよく（あまりにも頻繁に）用いられることばである。しかし、ミネラル感を定義することは難しく、ひとつの定義が満場一致の賛成で支持されることはまずない。この感覚は主観性に左右される部分があるが、やせていて小石だらけの土地や火山性の土地という苛酷な条件のもとに植えられたブドウ樹*は、ミネラルの香りや風味のワインを生み出すことは知っておいたほうがよい。しかし、ミネラル感は、香りの系列にあるものと言うより味覚のひとつであると理解するほうが正しい。

ミネラル感は、酸味*に結び付けられることが多い。典型的には、銃石や火打石のような香りであると表現されることが多い。アルザス地方のリースリング・ワインを表現するときによく使われる「石油臭」も、ミネラル感に似ている。酸味とミネラル感のあいだにはっきりした境界線を引くことは、難しい問題である。石のような口当たりという表現（その瞬間に、いつ小石をなめたのだろうと思ってしまう！）が、ミネラル感を明解に言い表わしている。

酸味は多すぎると欠点になってしまうが、ミネラル感は多すぎて悪いということはない。ミネラル感は、肯定的なものである。土壌の奥深くから送られたメッセージであり、純粋さと複雑さのしるしである。真のテロワール愛好家は、フルーティ*さや木の香り*にほとんど関心を示さない。彼らが追い求めるかけがえのない誠実さこそが、ミネラル感である。ミネラル感は、偉大な白ワインの特性であるが、自然農法やビオディナミ農法のブドウから造られた赤ワインのなかには、素直で強いフルーティさよりもミネラル感が強いものがある。

小石を多く含むテロワールの深くからもたらされる天然のミネラル感と、味わいとしてはよく似ているが、酒石酸によってもたらされるミネラル感とを混同してはならない。酒石酸を多く含むワインを口のなかに含むと、あまり心地よいと感じないものである。こうしたワインは、テースティングのときに、しなやかさや潤いを欠いたワインであると感じられる。

メダル　MEDAILLES

ワインの品質を保証するメダルとはどういうものだろうか。

メダルはワインの品質よりもメダルを授与する審査員のレベルを表わしている。

かつては、まるでソビエトの将校のようにメダルをたくさん付けられて、ラベル*の文字が隠れて読めないほどのワインボトルもあった。毎年、申しぶんのない仕事をすることで世界的に有名なドメーヌは、審査員に試飲の場を提供しない。また、メダルを使って品質を保証する必要もないので、メダルをひけらかすような真似はしない。そうしたドメーヌは、みずからの品質以外で自己弁護しようなどとは考えない。

フランスには、およそ一〇〇の優れたコンクールがある。しかし、世間に認知されているのは、そのなかで一五程度である。それぞれの協会が、独自の採点方法を決めて、メダルを授与している。しかし、メダルの意味は、そのワインが当該のコンクールに参加したことを保証する程度であることが多い。

こんにちでは、経験の浅い消費者が、誰かのアドバイスを受けずにワインを購入するとき、八〇パーセントがメダルを受賞したワインを選んでいると言われている。消費者は、メダルをリスク防止のための保険のようなものとみなしているが、メダルはワインの品質を正式に保証するものではない。メダルは、せいぜい数ある無名のコンクールの一つを制したことを示しているにすぎない。それがいったいどんな勝利を表わしているというのだろうか。

メダルの価値は、審査員の能力と一貫性によって左右される。一貫性を欠いた散漫な審査員が付与すれば、メダルの価値も、同じように一貫性を欠いた散漫なものになってしまう。そうしたメダルは、審査員のその場の幸福感を反映したものにすぎない。あるコンクールに参加したワインを、数日後に別の場所に出してみるとよい。同じ審査員がきっと違う成績をつけることだろう。

メダルを獲得したワインは、悪いワインであるはずはない。確かに、注目すべきワインが見つかることも少なくない。しかし、飲む者を魅了したり、感動させたり、興奮させたりできるほどの出来であろうか。残念なことに、多くのドメーヌにとって、メダルは注意を引きつける唯一の手段なのである。そうした意味では、メダルは見事に役割を果たしている。

有機農業　AGRICULTURE BIOLOGIQUE (AB)

「有機農業」を意味するABは、農業界で広く用いられている略語である。しかし、この略語は、果物（野菜・穀物なども含む）の生産方法についての認証であることに注意しなければならない。ブドウを果汁やワインに加工したものは、認証対象にはならない。有機農業とは、できる限り植物性殺虫剤などの天然素材の製品を使用して、自然界の生物学的なバランスを尊重し、保護しようとする栽培方法である。有機農法に適合する殺虫剤の成分として、銅や硫黄*の使用は認められている。ABマークの付けられたワインのブドウ栽培農家は、カリテ・フランス、エコセール（欧州最大の認定機関）、アグロセール、アクラーヴなどの認定機関によって管理されている。「ビオ」の項目を参照のこと。

四五秒　45 SECONDES

ワインを飲み込んだり外に出したりしてから、充分に吟味したうえで最終的な評価を下すために必要とされる時間。

プロの購買担当者に求められるやり方であるが、愛好家がワインを購入する際にもこうした試飲の仕方をお勧めしたい。四五秒間かければ、口に入れてすぐにわかる変質と、少し時間がたたないとわからない変質の両方を見極めることができる。この四五秒間というタイムラグが、テロワール*（土地条件や気候条件を含むブドウ栽培に関わる畑の環境）の特性を見極めさせ、コルク臭*などの問題があればそれを浮かび上がらせるのである。

口中余韻の長さで味の強さを表わすコーダリー*とは異なり、この四五秒はワインの成分を評価するための時間である。実際に、酸化、コルク臭、しつこい苦み、口のなかに残る甘みといった小さな欠点は、舌の味らいが落ち着いて、ワインの感覚が消える瞬間にしか現われないものである。四五秒あれば余韻を短くする残留糖分によるしつこい重さを見分けることや、新しい醸造法の特性をより理解することができる。

感覚の最後の一瞬まで努めて注意深くあり続けなければ、おおいに悔やむことになろう。ただし、四五秒後に不意に判断を覆さなければならないときには、また別の意味で後悔を味わうことになる。

ら行

落胆　DÉCEPTION

どんなに評判のよいワインであっても、抜栓は小さな冒険である。ワインのトラブルは、コルク栓*がらみの不運や、ワイン醸造過程でのトラブルだけではない。

この冒険を制して、ワインの味をみるという新領域へと向かう唯一の方法は、参考になる情報を探しにいくことである。今や、多くのドメーヌは、独自のホームページを作成し、味の鑑定に役立つ情報や、テロワール*の性質、栽培方法、ドメーヌで使用されているブドウ品種*、各キュヴェにおける品種の配分などについて、あふれんばかりの情報を発信している。技術的な情報についても見逃さないようにしなければならない。ワインの生みの親である生産者や馴染みのワインショップ店主のようなアドバイザーから、意見をきくことをためらってはいけない。

ワインに対して何を期待しているのかを説明することは、案外たやすい。しかし、不出来なワインに落胆したとき、落胆の理由について説明することは難しいものである。物知りな愛好家なら、一度は驚くほど高価なワインを飲んでみたいと夢みたことがあるだろう。しかし、それほど望んでいたにもかかわらず、神話的*なワインの栓を抜いたところ、想像したものとまったく違っていたということがある。では、いったい何を想像していたというのであろうか。最も希少な（つまり最も高価な）ワインならば、何の苦労もなく、必ずその身を捧げてくれるとでも思っていたのであろうか。

ほとんど神話的とも言えるワインに列せられるためには、非常に狭き門をくぐり抜けなければならない。偉大なワインのひとつと認められたものは、疑いようもなく最上級のワインである。一方で、そうしたワインは、ここぞというときのために大切にしまっておきたいワインでもある。愛好家が、この種のワインに挑戦しようとする場合には、それなりの心構えが求められる。さもなければ、評判の高さに比例した落胆が待ち構えている。反対に、好奇心にあふれ、ワインの等級や格付けを忘れてしまうような愛好家は、世界中の国々で生産されたさまざまな種類のワインを堪能することができるだろう。

ワインの名声や価格が高いからと言って、それに比例して過大な期待をしてはならない。どれだけ費用をかけたかで自尊心が満たされるような人にとっては、高価なワインだけが偉大なワインである。しかし、飽くことを知らない好奇心があれば、寛大さを残しておけるものである。

よいワインを開けるならば、植物が活動を再開する春は避けたほうが無難である。いつワインを開ければよいかという悩みから解放されるためには、ワインを飲むには、遅すぎるより、早すぎるほうが望ましいという原則から出発することをお勧めする（「熟成」の項目を参照）。若すぎるワインに対しては、カラフ*に入れて通気をするだけで、味わいを調整できることもある（何でもカラフに入れればよいというものでもない）。しかし、飲み頃を過ぎてしまったワインを前にしたら、人はただうなだれることしかできない。

期待はずれのワインに出会って落胆したときは、ワインの澱を沈めるように、少し時間をおいて心の澱を沈めることをお勧めする。

ラベル　ÉTIQUETTE

しばしば役に立たない疑わしい内容の記載にあふれているが、ワインのボトルに貼付された小さな紙片のことをラベルと呼ぶ。

ラベルは、我々がワインについて情報を得るための唯一の手がかりであり、販売者と消費者を結びつける手段である。ラベルの視覚的なイメージひとつで、そのワインを購入したり、購入を思いとどまったりすることさえある。

フランスでは、このワインラベルに記載する内容が、法律で厳しく規制されている。記載内容には、記載を義務づけられている情報、生産者の判断で記載するかどうか任意で選べる情報、自由な情報の三種類があり、一部の情報については、バックラベル*に書かれていることもある。

記載が義務づけられているのは、製品の名称、アルコール度数、内容量のリットル表記、瓶詰め者の氏名または商号（瓶詰めをした正確な場所を添えて）、アレルギーに関する表示（亜硫酸塩など）、妊婦向けの健康上の注意書き、原産国（輸入ワインの場合）に関する情報である。

記載することが選択できるのは、収穫年*（当該のヴィンテージに収穫したブドウを八五パーセント以上使用している場合）、ブドウ品種*（やはり同一品種のブドウを八五パーセント以上使用している場合）、受賞メダル*、生成方法、補足情報として、「クリュ・ブルジョワ」や「クリュ・クラッセ」などの格付けに関する情報である。

その他の情報は自由な記載であるが、何を書いてもよいというわけではない。消費者をまどわすような情報は禁止で、実践を示すものでなければならない。

ラベルの本来の役割は、消費者に情報を提供することであるが、実際には、その大部分が消費者を惹きつけることにあると言える。ラベルを解読できれば、ときとして衝動買いをして重いつけを払わされることを避けることができるであろう。カラフルなラベルに注意をそらされて、それが優れた点のない平凡なワインであることが見えなくなってしまうこともある。残念ながら、それに関する規定はなく、罠にはまらないコツもない。あえて言うならば、わかりやすく率直な情報を求め、派手で注意を引くような配色のラベルが、ワインの品質を保証するものではないことを忘れないことである。ましてや、世間でまったく知られていないコンクールで「激戦の末にメダル*を勝ち取った」などという情報を信用することはもってのほかである（「コンクール受賞ワイン」の項目を参照）。

ロゼワイン　VIN ROSÉ

ながらく、一部の人びとからは完全なワインと見なされなかったロゼワインだが、最近になって流行の先端を行くバーや超高級ホテルのカフェ・テラスで人気が出てきている。

ロゼワインは、おそらくワインの歴史上最も古いスタイルのワインで、赤ワイン*よりも先に製造されていたと考えられる。ロゼワインの製造方法は、三通りあるが、フランスで認可されているのはそのうちの二つだけである。この二つの方法のどちらを用いても、繊細で美しいワインを造りだすことができる。三つ目の方法は、白ワイン*と赤ワイン*を混合する方法である。このような方法も、いくつかの国では認められている。

一般的に、ロゼワインは黒ブドウで造られる。しかし、赤ワインでもみられるように、ワインをきめ細かにしてより上品さを持たせるために、白ブドウを混ぜる地方もある。

ロゼワインは、地方やドメーヌの特産品であると同時に、定期的に赤ワインのタンク*を清潔にする必要性から生まれたものでもある。

もっとも格の高い製法は、赤ワイン用ブドウをエアー式圧搾機に入れ、酸化*しないように短時間だけマセラシオンを行なう。果汁にほどよい色合いが出たところで（四時間から二四時間後）、プレスしてロゼ色のついたワインを取り出す。これが、直接圧搾法である。この製法で造られたロゼワインは、色が薄く、サーモンピンクというよりは灰色がかったロゼ色をしている。この種のロゼワインは、おもにプロヴァンス地方で生産されている。直接圧搾法でロゼワインを生産するには、つねにワインの状態に気を配っていなければならない。このタイプのロゼワインは、完全なワインとして認知されつつある。色は薄いため華奢に見えるが、力強さと複雑さを備えている。

もうひとつの製法は、ロゼワインを造りたいというより、造る必要に迫られた場合に行なわれる。気候的トラブルに見舞われると、味の薄いブドウになってしまうため、バランス*を回復させる必要性が生じる。そこで、濃厚な赤ワインを造る方法を用いて、発酵の段階で果汁の一部を抜き取り、果汁と固形物の比率を適切にする。この工程は、果汁の色合いを見計らって、適切なタイミングで行なわれる。こうした方法は、ロゼワインの製法としては最も一般的なもので、セニエ法と呼ばれる。セニエ法によるロゼワインは、直接圧搾法で造られたロゼワインよりも、色が濃く、豊かで、コクがある。ロゼワインは単一品種*で造られることもあるが、赤ワインと同じように、原産地呼称*で使用を認められている複数品種*のブドウから造られることのほうが多い。いずれにせよ、ロゼワインでは、ブドウの衛生状態にとくに注意しなければならない。わずかな傷みがすぐに味に反映されてしまうからである。

直接圧搾法によるロゼワインは、アペリティフとして飲むか、軽い食事に合わせる。セニエ法のロゼワインは、柔らかで口当たりのよい赤ワインの代わりを務めることができる。ロゼワインは、若いうちに飲むワインである。特殊なものを除いて、ロゼワインの保存のポテンシャルは、三年未満である。

ローマ時代　EPOQUE ROMAINE

古代ギリシア人とフェニキア人は、紀元前一五〇〇年から五〇〇年にかけて、地中海の盆地全域にブドウ樹を植えた。とくに、イタリアに注目し、南イタリアで多くのブドウ畑を開墾した。ローマ人は、西暦元年の時点で、ひとりあたり毎日〇・五リットルのワインを消費していたと考えられている。ワインの貿易を始めたのはギリシア人だが、彼らは加工された状態のワインだけを扱っていた。それに対して、ローマ人は、原料やブドウの栽培法、醸造技術のノウハウまでも輸出していた。ローマ人は、まずフランス、スペイン、北欧などの航行可能な地域にブドウ栽培をもたらした。その頃、すでにギリシア人は、ガリア地方の地中海沿岸地域にブドウ樹を植えていたが、ローマ人は、さらに内陸部やあらゆる航行可能な地域にまでブドウ栽培を拡大していったのである。ローマ人は、ブドウ栽培を命じてその指導も行なっていた。(土中に杭を打ってブドウ樹を支える)添木の使用を始めたり、搾汁や貯蔵の方法を大きく改善したのもローマ人である。ローマ人は、非常に巧みなブドウ栽培者であった。ローマ時代には、発酵学の知識はなく、ワインは搾汁の温度を調整する自然発酵によって生産されていた。ローマ人は、ワインを煮つめて容量を減らすことで品質を安定させたり、防腐のためにハチミツやその他の物質を添加する技術も習得していた。

ローマの影響を受けて、ガリア地方は、ブドウ栽培を拡大し、その後、ワイン産業を発展させていった。四七六年に西ローマ帝国が滅びると、このように戦略的にブドウ栽培を発展させていこうという動きに終止符が打たれた。

わ行

ワイン　VIN

ブドウ樹と人の働きの結晶。ワインの原料はブドウだけで、「桃ワイン」や「梨ワイン」といった名称は、正しくない。現在のものとは異なる形であったが、ワインは白ブドウや赤ブドウを発酵*させて得られるアルコール飲料として、太古から知られていた。ワインには、辛口*、甘口*、リキュールのような甘さのあるもの、発泡性*がある。

ワインは、比較的安定していて、ある程度保存がきく。そのうえ、搬送に耐えられるので、大きな取引に向いている商品である。すでに古代エジプトで造られていたが、ギリシア人によって地中海地方にもたらされたのである。ワインやブドウ栽培をフランスに最初に持ち込んだのは、ギリシア人である。その後、ローマ人がフランス全土にブドウ栽培を拡大させていった。当時のワインは、我々が飲んでいるワインとはほとんど似ていなかった。たとえば、土、樹脂（松やに）、ハチミツ、香辛料、葉など多種多様な原料の保存料で保護されていた。発酵をさせないか、部分的にしか行なわなかったために、ワインが腐らないよう出航前にワインの積荷に海水を加え、船が到着すると塩の味を取り除くために軟水を流し込むということも珍しくはなかった。

いつの時代でも、人びとはワインを好んだ。ワインに含まれるアルコール*が幸福感をもたらすのは確かだが、それ以上に、ワインには他のどんな食料品にも優る多様性と比類なき風味があるからであろう。

ワイン醸造　VINIFICATION

ブドウは、ブドウ栽培者によって作られ、ワインは醸造されることによって造られる。しばしば、ワイン醸造が、ワイン造りにとって最も重要な段階であると考えられているが、それは誤りである。醸造は、ワイン造りの全段階における単なる一段階にすぎない。なぜなら、収穫から瓶詰め*に至るまでの長いワイン造りの過程において、人の手が掛かっているのは醸造段階だけではなく、すべての期間において、人の力に負うところがきわめて大きいからである。ワインは、醸造を終えると、育成*やさまざまな下準備を行ない、仕上げの処置（安定化、ろ過）を経てから、瓶に詰められる。とはいえ、ワイン醸造が重要な段階であることは確かである。ワイン醸造の仕方次第で、ブドウ品種*の特性やテロワール*のミネラル感*のメッセージが弱まってしまうことも、熟成頂点*を迎えられるようになることもある。テロワールやブドウ品種といったあらゆる要素をひとつにまとめ上げるのが、醸造過程である。

近年、ワイン醸造に関する知識は急激に変化し、醗酵室に巨額の投資をする造り手も現われた。それにより、一部のワインの特徴が消えてなくなってしまうのではないかと懸念されている。実際のところ、ブドウ栽培にあまり適さない地域にまで栽培地が拡大している現状に歯止めをかけることは困難である。体系的な生産過程に従わないワイン造りでは、失敗もないという安心感が、大胆不敵なワイン造りをさせているのである。

アルコール発酵*が発見されたのは、十九世紀であり、比較的最近の出来事である。しかし、ワイン醸造の歴史はそれに比べて圧倒的に長い。イランで発見された、約七〇〇〇年前の果汁の痕跡が、ワイン醸造の最古の証である。この「ワイン」には、酸っぱくなるのを防止するための樹脂が含まれていた。初期のブドウ栽培者は、その地域や時代によってさまざまであるが、植物や樹脂、土、ハチミツなどを加えて、果汁を安定させる方法を知っていたのである。そのため、ローマ人がしていたように、このもろみ状のワインを軟水か海水で割って飲まなければならなかった。

ワイン醸造学　ŒNOLOGIE

ワイン醸造学は、時代と世界を旅する学問である。ワイン醸造学とは、ワインという芸術を広い意味でマスターすることを目指す学問であると定義できる。したがって、ワイン醸造学が扱う領域は広大である。ワイン醸造学の研究範囲は、ハイテク分野にまで及んでいる。ワインの化学や生化学、感覚の分析と検査、ワインの育成*、ワインの品質保証、異常防止、ワイン醸造における諸段階の総合管理などは、すべてワイン醸造学が扱う領域である。

しかし、ひとたびワインが瓶詰め*されてしまえば、ワイン醸造学が関わることのできる領域はなくなる。

ワインの醸造法は、古代から知られていた。大ざっぱに言えば、ブドウをつぶしてブクブク泡立つまで放置しておけば、自然の力だけでワインに変化することは、ずいぶん昔から知られていた。また、こうした変化が起こると、周囲の温度が上昇し、ブドウ液の甘みが明らかに失われ、アルコール度が増すこともわかっていた。

その後、長いあいだ、醸造のメカニズムが解き明かされることはなかったが、観察から得られた知識をもとに、醸造を管理する技術はおおいに改良された。たとえば、十八世紀の時点では、微生物の存在はまだ知られていなかったが、ワインの小樽をゆっくりと焼いて保護する方法は用いられていた。問題は、この対処法を行なえばなぜうまく保存できるのかが明確にされていなかったことである。そうした意味でも、微生物学の祖であるパスツール*がワイン業界において果たした役割は、きわめて重要である。

ワイン醸造学が飛躍的に進歩を遂げたのは、一九三〇年代初頭のことである。その時代になり、ワイン醸造の仕組みが解き明かされ、ワインの種類に合わせた最適な保存方法が考えられるようになってきたのである。ワイン醸造の専門家であるワイン醸造技術者は、一九五〇年代になってようやく誕生した。

ワイン醸造技術者　ŒNOLOGUE

ワイン醸造技術者は、カーヴ*の労働者、醸造所の所有者、ソムリエ*、ワインショップ店主に至るまで、ブドウ栽培やワイン造りに関わりのあるあらゆる人のことばに耳を傾けなければならない。ワイン業界では、支配人、買い手、売り手、ブドウ栽培者と、それぞれの役割が明確に区別されている。ブドウ栽培やワイン造りと関連のある職種のなかで、ワイン醸造技術者を名乗ることができるのは、もちろんワイン醸造技術者自身と、ワイン醸造学を学んだブドウ畑の所有者だけである。

ワイン醸造技術者は、一般に大規模なブドウ農園、協同組合醸造所*、ネゴシアン*に帰属していることが多いが、地方の公共機関の仕事を請け負うこともある。彼らの主たる業務は、ワイン醸造*であり、ほとんどが発酵室のなかで行なわれる。それ以外には、最良のブドウを入手するためにブドウ樹の管理に意見することがある程度である。ブドウの収穫から瓶詰め*まで、ブドウがワインに加工される全段階に対して責任を負うことが、ワイン醸造技術者の役割である。彼らは、細心の注意を払って、ワイン造りからアルコール発酵*、育成*まですべての段階を最適なものにするために取り組んでいる。具体的には、必要な分析を行ない、いろいろなロットや樽*の試飲をして、混酒*を滞りなく行なう。オーナーにアドバイスをすることもある。重要なのは、ワイン醸造技術者が、栽培長（規模の大きいドメーヌの場合）やオーナーと緊密な協力関係にあり、品質確保や向上のために提案されたやり方が尊重される環境である。

醸造技術を究めているとみなされている醸造家は、世界中から引く手あまたで、ひとりで三〇あまりのドメーヌに関わっていることもある。そうした醸造家のほとんどがフランス人である。売れっ子の醸造家が、世界中で受け入れられるワインを造りあげるので、ワインの個性が失われてしまうのだと中傷されることもある。

ワイン見本市　FOIRE AUX VINS

ワイン見本市の歴史は、比較的新しい。以前は限られた顧客を対象としたものであったが、現在ではもっと開放されて、レストランから派遣された従業員で賑わっている。レストランにとって、匿名で買えること、バラ買いができることがメリットである。

バラ買いとは、通常、専門業者によって箱単位で販売されるものを一、二本だけ購入することである。バラで購入すれば、一回の支出額を抑えることができる。

ワイン見本市で、経験の浅い愛好家がワインを選ぶのは容易なことではない。ワイン見本市に出かけるならば、下調べや予算を立てておくことが必要である。ワインを選ぶに際して必要な情報、たとえば収穫年*の出来や保存のポテンシャルについて、あらかじめ調べておくことが重要である。もちろん、価格の比較も忘れてはならない。

恒例のワイン見本市の開催を待って、在庫を入れ替える人びともいる。盛大な試飲会を開いて一晩に大勢の客を呼び寄せることができるので、ワイン見本市は、大手のワイン流通業者にとっての絶好のビジネスチャンスの場である。消費者にとっても、価格と雰囲気の両面で魅力的な場である。しかし残念なことに、ワイン見本市に参加できるのは、広大な植樹面積と規模の大きなドメーヌを有する地方に限られている。

購買力のある大手の流通業者は、この機会を利用して、一度に大量のワインを購入し、割安な価格で顧客にさばくことができる。フランスで最大のブドウ農地を擁するボルドーでは、新酒ワインを収納するスペースを確保するために、ワインの見本市に出品することがある。ワイン見本市で、ボルドーワインの出品数が最多で、価格面でも魅力的なのは、そのためである。

ワインは、見本市開催の数日前に納入されることが多いので、保管に関するリスクはない。封をした箱買いであれば、日光にさらされることによる変質の心配もない。そのうえ見本市では、主要な銘柄のワインに偏らないように、さまざまな産地の銘柄が取り揃えられている。

喜び　PLAISIR

五十音順の配列に反して、一〇〇番目にして最後のことばは、「喜び」。

本書では、喜びについて論じることはできない。喜びの意味については、各自の判断に任せたい。確かなことは、喜びは、人がそれを求めんとするところに見出すことができるということである。

訳者あとがき

本書は、Gérard Margeon, *Les 100 mots du vin* (Coll. « Que sais-je? » n°3855, P.U.F., Paris, 2009) の全訳です。

著者のジェラール・マルジョン氏は、現在アラン・デュカスのレストランでシェフ・ソムリエを務めるとともに、プロの料理人のための研修センター、アラン・デュカス・フォルマシオン（ADF）でソムリエの指導にもあたっています。

すでにお気づきのように、本書は書店の棚を埋めているようなワインのガイドブックとはまったく趣を異にしています。したがって、世界的に有名なソムリエであるマルジョン氏がお勧めするワインの銘柄についての情報を得たいという方々のご要望には、残念ながらお応えすることができない内容になっています。

本書の目的は、著者自身が選んだ一〇〇のことばを丁寧に解説していくことで、読者を骨太のワイン愛好家へと導くことです。つまり、本書をとおして、読者が自分のスタイルや好みを明確に自覚することができるようになり、ワインという奥の深い世界をさらに探検するために、多種多様なワインを味わってみたいという好奇心を刺激することが期待されています。そのために、本書は単なる用語の解説にとどまらず、ひとつの読み物としても大変興味深いものとなっています。一〇〇語は、ワインの造り方に関する用語、ワインを味わうための用語、ワインの取り扱い方に関する用語、ワインの取引や歴史に関することばから構成されています。そのなかに「清澄」の項目があります。「清澄」とは、ワインの濁りを取り除き透明度を上げる作業のことです。具体的には、濁りの原因となるワイン中の過剰な成分を清澄剤によって沈殿させ、ワインを清澄し安定化を図ります。清澄剤としては、一般にゼラチン、カゼイン、ベントナイトなどが使用されますが、卵白を泡立てたものを樽に入れて、澱を沈殿させる方法もあります。日本でもよく知られているボルドー銘菓のカヌレは、ワインの清澄に卵白が使用され大量の卵黄が余ったためにその利用法として考え出された菓子と言われています。ワイン造りとフランス菓子がこのようにつながっていることを知るのも、非常に興味深いことです。

なお、原書では一〇〇語の配列がアルファベット順になっていますが、本書では五十音順に入れ替えました。

本書の翻訳に際して、参考にさせていただいた書籍をここに列記します。

ジャン＝フランソワ・ゴーティエ『ワインの文化史』（八木尚子訳）、白水社、一九九八年
パトリック・マシューズ『ほんとうのワイン』（立花峰夫訳）、白水社、二〇〇四年
ジャッキー・リゴー『アンリ・ジャイエのワイン造り』（立花洋太訳／立花峰夫監修）、白水社、二〇〇五年
山本博『ワインが語るフランスの歴史』、白水社、二〇〇三年
ジルベール・ガリエ『ワインの文化史』（八木尚子訳）、筑摩書房、二〇〇四年

本はいつでも気が向いたときに開いて読み返し、ワインのように少しずつ熟成させることができます。いつでも手にとって読み返すことができるように本書を傍らに置いていただくことが、著者の願いであると述べられていますが、訳者も同じ気持ちです。

本書の翻訳にあたり、訳者はワインの専門家ではないために、ワインスクール「アカデミー・デュ・ヴァン」スクール・マネージャーの立花峰夫氏から専門用語を中心に丁寧なご指導を賜りました。また、フランス語の理解が十分でない部分については、友人でボルドー出身のレティシア・ガルデさんに説明をしていただきました。さらに、文庫クセジュ『フェティシズム』（九三一番、二〇〇八年刊行）の共訳者である西尾彰泰氏は、訳稿と原書のすべてに目をとおしたうえで、適切な指摘を与えてくださいました。この場を借りて深く感謝申し上げます。

白水社編集部の中川すみさんには、訳者のスケジュールに合わせて柔軟に対応いただき、原書の発刊から九カ月という早さで日本語訳を刊行できましたことに対して心より謝辞を申し上げます。

二〇一〇年四月

守谷てるみ

訳者略歴

守谷てるみ（もりや・てるみ）

一九八二年、南山大学文学部仏語学仏文学科卒業。
自動車メーカー、電子部品メーカー勤務を経て、現在
フランス語翻訳業。

主要訳書

ポール＝ロラン・アスン『フェティシズム』（共訳、
白水社文庫クセジュ九三一番）

本書は二〇一〇年刊行の『100語でわかるワイン』第一刷を
もとにオンデマンド印刷・製本で製作されています

100語でわかるワイン

二〇一〇年五月三〇日第一刷発行
二〇一六年五月一五日第二刷発行

訳者 © 守谷てるみ
発行者 及川直志
印刷・製本 大日本印刷株式会社
発行所 株式会社 白水社

東京都千代田区神田小川町三の二四
電話 営業部〇三（三二九一）七八一一
　　 編集部〇三（三二九一）七八二一
振替 〇〇一九〇－五－三三二二八
郵便番号一〇一－〇〇五二
http://www.hakusuisha.co.jp
乱丁・落丁本は、送料小社負担にて
お取り替えいたします。

ISBN978-4-560-50947-0
Printed in Japan